中国传统民居系列图册

上海里弄民居

上海市房产管理局　编著

沈　华　主编

中国建筑工业出版社

总　序

　　20 世纪 80 年代,《中国传统民居系列图册》丛书出版,它包含了部分省(区)市的乡镇传统民居现存实物调查研究资料,其中文笔描述简炼,照片真实优美,作为初期民居资料丛书出版至今已有三十年了。

　　回顾当年,正是我国十一届三中全会之后,全国人民意气奋发,斗志昂扬,正掀起社会主义建设高潮。建筑界适应时代潮流,学赶先进,发扬优秀传统,努力创新。出版社正当其时,在全国进行调研传统民居时际,抓紧劳动人民在历史上所创造的优秀民居建筑资料,准备在全国各省(区)市组织出书,但因民居建筑属传统文化范围,当时在全国并不普及,只能在建筑科技教学人员进行调查资料较多的省市地区先行出版,如《浙江民居》、《吉林民居》、《云南民居》、《福建民居》、《窑洞民居》、《广东民居》、《苏州民居》、《上海里弄民居》、《陕西民居》、《新疆民居》等。

　　民居建筑是我国先民劳动创造最先的建筑类型,历数千年的实践和智慧,与天地斗,与环境斗,从而创造出既实用又经济美观的各族人民所喜爱的传统民居建筑。由于实物资料是各地劳动人民所亲自创造的民居建筑,如各种不同的类型和组合,式样众多,结构简洁,构造合理,形象朴实而丰富。所调查的资料,无论整体和局部,都非常翔实、丰富。插图绘制清晰,照片黑白分明而简朴精美。出版时,由于数量不多,有些省市难于买到。

　　《中国传统民居系列图册》出版后,引起了建筑界、教育界、学术界的注意和重视。在学校,过去中国古代建筑史教材中,内容偏向于宫殿、坛庙、陵寝、苑囿,现在增加了劳动人民创造的民居建筑内容。在学术界,研究建筑的单纯建筑学观念已被打破,调查民居建筑必须与社会、历史、人文学、民族、民俗、考古学、艺术、美学和气象、地理、环境学等学科联系起来,共同进行研究,才能比较全面、深入地理解传统民居的历史、文化、经济和建筑全貌。

其后，传统民居也已从建筑的单体向群体、聚落、村落、街镇、里弄、场所等族群规模更大的范围进行研究。

当前，我国正处于一个伟大的时代，是习近平主席提出的中华民族要实现伟大复兴的中国梦时代。我国社会主义政治、经济、文化建设正在全面发展和提高。建筑事业在总目标下要创造出有国家、民族特色的社会主义新建筑，以满足各族人民的需求。

优秀的建筑是时代的产物，是一个国家、民族在该时代社会、政治、经济、文化的反映。建筑创作表现有国家、民族的特色，这是国家、民族尊严、独立、自信的象征和表现，也是一个国家、一个民族在政治、经济和文化上成熟、富强的标帜。

优秀的建筑创作要表现时代的、先进的技艺，同时，要传承国家、民族的传统文化精华。在建筑中，中国古建筑蕴藏着优秀的文化精华是举世闻名的，但是，各族人民自己创造的民居建筑，同样也是我国民间建筑中不可忽视和宝贵的文化财富。过去已发现民居建筑的价值，如因地制宜、就地取材、合理布局、组合模数化的经验，结合气候、地貌、山水、绿化等自然条件的创作规律与手法。由于自然、人文、资源等基础条件的差异，形成各地民居组成的风貌和特色的不同，把规律、经验总结下来加以归纳整理，为今天建筑创新提供参考和借鉴。

今天在这大好时际，中国建筑工业出版社出版《中国传统民居系列图册》，实属传承优秀建筑文化的一件有益大事。愿为建筑创新贡献一份心意，也为实现中华民族伟大复兴的中国梦贡献一份力量。

陆元鼎

2017 年 7 月

序

　　上海的里弄住宅建筑，是具有上海地方特色的江南民居。她的出现和发展已有百余年历史，她继承了传统的江浙民居，借鉴欧洲毗邻式住宅特点，形成自己的独特风格，是上海近代住宅建筑的主要类型之一，为城市的发展起着重要作用。

　　从历史的、社会的、文化的角度，对里弄民居的规划、设计、建筑等方面进行总结；对研究上海的住宅发展史、继承和发扬民族传统的建筑文化、保护珍贵的历史遗产、创造发展既有地方风格又具时代气息的新住宅，具有重要的意义。

　　本书集上海里弄民居之大成，取各类最具代表性的实例，经过整理、提炼，取其精华，作了历史发展的考察。对规划、设计、建筑和装饰的特点，作了分析对比。从民居的历史演变中，看到城市社会的发展，人民生活需求和居住行为的变迁。其紧凑而又灵活的规划布局、宁静又方便的居住环境、功能明确的平面设计、流畅合理的空间组织、精巧独特的建筑装饰，反映了一代建筑规划师的探索实践，是劳动人民创造力的结晶。

　　本书主编沈华同志，是高级建筑师，曾任上海市房产管理局副总工程师，是老一辈的建筑专家。早年从师名门，二十世纪三十年代就投身于建筑事业，经过半个多世纪的辛勤耕耘，孜孜不倦的探求，使他在住房的规划、设计、管理等多方面有很高造诣。虽年达八旬，仍注入充沛精力，致力于历史建筑的研究、整理工作，以他的渊博知识和毅力，整理编纂此书，为上海建筑发展史作出了有益贡献。

上海市房产管理局原局长　　桑荣林

前　言

　　上海里弄民居是上海民间居住建筑中的一种形式，集中建造在上海市中心区，兴起于租界出现之后，停止在新中国成立前夕，先后建设了近一个世纪。

　　里弄民居是在土地私有制的基础上，利用个人或集团占有的土地，以有限的资金，尽可能多地建造适合当时某些阶层使用要求的住宅。里弄民居不同于独院住宅或高层公寓，它是一个建筑群体，毗连建造，集合居住，共同使用一个或几个出入口；它也不同于新中国成立后新建的职工住宅，它建筑密集，自成一体，通过里弄进出家门，通过总弄与街道衔接，总弄口设有栅门，便于警卫；它更不同于简屋棚户，它是按照当时建筑法规建造的，在结构安全，使用功能以及防火、警卫等方面都有较大的优越性。

　　里弄民居用地节约，造价不高，功能适度，生活方便，适合当时中产以上家庭的消费水平，很受欢迎，故其建造量颇大。1949年上海里弄民居总数量占当时全市区居住建筑总数的百分之六十左右。

　　在里弄民居建设的长期岁月中，随着社会经济和科学技术的发展，建筑的形式和内容也有很大变化；从早期的三开间二厢房民居到公寓里弄民居的演变是非常明显的，它从一个侧面勾划出了上海城市面貌变化的历史进程。

　　由于上海人口增加很快，居住拥挤问题日趋严重，原来设计为一户居住的里弄民居单元，基本上都变成了多户使用，还增加了不少违章搭建，这就背离了原始设计意图，形成长期不合理的局面，增加了城市改建的难度。

　　里弄民居的历史已有一百四十多年，早期建造的一部分已被拆除，剩下的也已破旧不堪了；中、后期建造的仍在发挥作用，其中大部分还将继续使用较长一段的时间。1988年末，上海市区里弄民居仍有三千五百多万平方米。

上海里弄民居与城市发展关系密切，建造集中，数量庞大，沿用至今仍为一部分居民所乐于使用；它在节约用地面积，争取使用空间，改善居住条件，运用简易结构等方面均有许多好经验。因此，分析它的产生背景，追溯它的历史沿革，介绍它的分布规模、规划设计、市政配套以及利用、改造等问题，无疑地可供建筑创作者借鉴，也可供城市建设者和建筑历史研究者参考。当然，也必须注意到，上海里弄民居是半封建、半殖民地时代的产物，也有着明显的时代烙印。

本书由沈华主持并执笔编写，参加调查、测绘工作的有何怀琮、王和安、陈鹤艳同志。此外还得到杜承文、吴德舲、冯达生等同志的帮助，特此致谢。

由于我们资料还不够充分，水平又有限，谬误之处，敬请读者批评指正。

目　录

第一章
上海概况

上海位于长江入海处的南岸，原为一海滨渔村，1290年元代设县治，明代建县城，清代成为贸易大港，鸦片战争后于1843年被辟为商埠。1986年全市面积为6340平方公里，人口1232万人，其中市区面积为375平方公里，人口710万人，是全国人口最多的城市。

上海开埠以后，租界接踵而起。1845年11月英帝国主义与清朝地方官吏订立了所谓的《租地章程》（亦称"地产章程"或"地皮章程"），规定划出黄浦江西侧大片土地为英国人居住，这种划定的"租地界线"即为后来的租界。1848年美帝国主义与清政府签订了"望厦条约"，占据虹口一带为美租界。1863年英、美两租界合并为公共租界。此后，法帝国主义也以同样方式相继在上海划定自己的势力范围。随着第三次、第四次《地皮章程》的签订，租界面积又有扩大，至1915年，仅公共租界所强占的土地面积就达36平方公里。租界当局利用不平等条约所规定的特权，可以越界筑路，路筑到哪里，我国的主权就丧失到哪里（有关租界情况详见"分布与规模"章节）

1937年8月13日，日本帝国主义在上海燃起了侵略战火。随后，闸北、南市、浦东以及虹口部分地区沦入日帝之手，形成了与英、美、法各租界的对峙局面。1941年12月8日，太平洋战争爆发后，上海全部地区包括所有租界范围完全被日帝所控制。

1945年抗日战争胜利后，国民党政府接管上海。1949年解放战争胜利，上海市人民政府成立，上海才真正回到人民的手中。当时，上海市区面积是82.4平方公里，人口419万人。以后行政区划几经调整，方成现状。

上海地处东经121°29'，北纬31°14'。属亚热带季风气候区，四季分明，冬夏稍长，春秋略短，温和湿润，雨水充沛。夏季盛行东南风，冬季盛行西北风，平均最大风速为30米/秒（相当于56.2公斤/平方米）。年平均气温15.7℃，一月最冷，平均气温3.5℃，极端最低气温为-12.1℃（1893年1月19日）；七月最热，平均气温27.8℃，极端最高气温为40.2℃（1934年7月12日）。年均降水日132天，平均降水量1124毫米，60%左右的雨量集中在五至九月汛期中。梅雨季节通常出现在六月初以后，八月底以前，持续期为20~40天，一般在30天左右，这时期天气闷热，日夜温差极小，气温23~25℃，相对湿度在85%~95%之间。梅雨季节过后，就进入盛夏，天气晴热，35℃以上的高温天气一般有3~8天，个别年份可达30天以上。七至十月多雷雨台风，雨量大而集中，市内低洼地区常常积水。1949~1981年的32年间，上海遭台风侵袭84次，平均每年2.3次，最多的一年有5次。

上海地区的陆地，是约六千年前开始逐渐冲积形成的，西南部分有十余座丘陵，其余均为坦荡平原，市区平均高程为2米左右。地质情况属滨海冲积平原区和河流冲积层区，表层多为黄褐色黏土或亚砂土，厚2~4米，天然地基持力层的承载力为8~14吨/平方米。

上海是我国最重要的工业基地之一，1988年全市工业总产值为1082.7亿元，约占全国的十三分之一。上海也是我国重要的经济、科技、贸易、金融、信息、文化中心，

1988 年全市财政收入 261.7 亿元，占全国十分之一；人均国民生产总值达 5161 元，为全国之冠，比全国平均水平高 3.1 倍。

上海港为全国最大港口，列入世界十大港口之一，1988 年有 104 个码头泊位，货物吞吐量达 1.33 亿吨，占全国的三分之一。远洋航运通达世界四百多个港口，国内航运连通香港、沿海和沿长江各大中城市，并汇接苏、浙、皖三省内河水运网。陆上交通以铁路为主，沪宁、沪杭两条干线通往全国各主要城市。航空线从虹桥机场出发，直达全国各大中城市和世界重要城市。

1949 年前的上海，城市畸形发展，造成极高的人口密度和建筑密度。据统计，新中国成立初期市区平均人口密度达到每平方公里五万多人，目前虽降为每平方公里

二万人，但有些密集地区仍在十万人以上，个别街道高达十六万人。因此也带来了极高的建筑密度，如黄浦区的河南路与云南路之间，南市区的原邑庙、蓬莱区范围内，建筑密度都在 80% 以上。人口密集的结果，产生了住房紧缺和市政公用设施落后等问题。新中国成立初期，市区人均居住面积为 3.9 平方米，原老闸、邑庙等区内有不少家庭人均低于 1.5 平方米。经过多年努力建设，1988 年市区人均居住面积已达到 6.3 平方米。但苦乐不均现象还很突出，人均居住面积在 4 平方米以下的，仍有四十万户左右，而且，市区居民户中约有四分之一没有厨房，二分之一没有厕所，这与当前生产发展和生活要求极不适应。市区的市政和公用设施大部分是新中国成立前留下来的，老化严重，不能满足新建住宅和旧房改建的要求。

图1-1　上海市行政区划图

第二章

历史沿革

上海市里弄民居分布

石库门里弄民居

新里里弄民居

花园里弄民居

公寓里弄民居

图2-1 上海

年民居分布图

描自清光绪二年出版的《沪游杂记》插图

图2-2 1876年上海英、法租界里弄分布图

上海的"里弄"是市民聚居点的基本单元，在近百年的演化中，上海里弄民居已形成一类颇具地方特色的居住建筑。里弄民居分布见图2-1。

1853年上海小刀会起义，清政府大肆镇压，南半城很多房屋被烧毁，居民纷纷迁居租界，华洋杂处，人口剧增，房产商乘机建造简陋木屋，出租谋利。以后鉴于木板房屋易遭火灾，又改以砖木结构代之，是为里弄民居建造和经营的雏形。

1863年前后，太平天国农民革命运动中，外省城乡富户蜂拥逃入租界，房地产商大量建造房屋出租出售，以应急需并谋取厚利。1869年苏伊士运河开通，上海与伦敦间建立电讯，工商业日益繁荣，城市人口也不断增加，出现了有些房地产商在其占有的土地上有规划地建造接连式砖木结构二层楼的民居建筑，这就是上海里弄民居的开端。

据1876年（清光绪二年）出版的《沪游杂记》附图（图2-2）记载，当时英、法两租界内已有以"里"为名的民间居住建筑105处。但何处为最早，已很难查考。其中，至今仍继续使用的还有64处，已全部经过修理拆动，立面、平面多有变更，只有大门、天井及屋内不易损坏的细部尚能依稀辨认，周围环境则由于道路的拓宽、填高等因素也有较大变化，很难寻到百年老屋的当年陈迹。

不少资料记载北京东路兴仁里是1872年建造的、最早的砖木结构里弄民居，对照《沪游杂记》所述，只证实兴仁里是1876年以前建造的，但是否最早则尚难确认，该处房屋已于1980年被拆除，重新建造成六层住宅楼。

1876年至1910年间，上海里弄民居的发展很快。据有关资料记载，黄浦区内就建造了福祥里、兆福里等多处。这时期的里弄民居都是老式石库门房屋，一般为三间二厢房的二层楼房（图2-3）。也有因业主自住等关系出现了三间前后双厢、五间双厢以及带走马廊式等变体形式（图2-4）。

随着里弄民居的大量建造，租界的变态繁荣，公用事业也开始展露萌芽。1864年原英租界建立的"自来火房"，是上海最早的煤气公司；1882年原英商成立的"上海电光公司"，是上海最早的发电厂；1883年原英商水厂开始供水，是上海最早的自来水厂。这些公用设施初创时期虽是为洋人服务的，但不久就陆续进入民居建筑了。

1911年，长期统治中国人民的封建王朝被推翻了，反映在家庭结构上的变化是大家庭逐渐分解为小家庭。于是对住房也要求有紧凑方便的小单元，1914年出现了淮海中路宝康里、1916年出现了新闸路斯文里这样的单开间里弄民居。由于适合需要，一时极为流行。当然，人口增加和地价昂贵也是促成小单元流行的重要原因。

1919年，第一次世界大战结束，战胜国人民挟资来到上海，带来了西方人对住房的要求，我国部分富裕阶层也接受了一些西洋生活方式，对旧有的里弄民居感到不能满足需要。他们对住房的朝向、间距、通风以及隔声等均很讲究，还力求配置方便生活的卫生设备和煤气炉灶。因此在20世纪20年代以后出现了一批与之相适应的新式里弄民居，如1922年建造的淮海中路833弄人民坊等，其总体布局和单体房间组合都有显著变化，室内功能较全，深受欢迎。

早在1907年上海就出现带有花园的里弄民居，二层半，功能较全，能够三面开窗，又能与邻居基本分开。

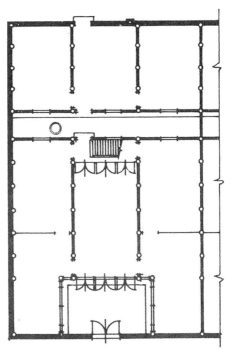

图2-3　三间两厢房平面图

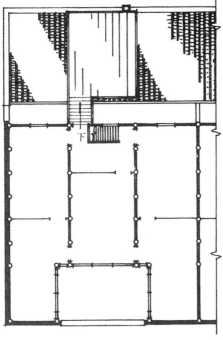

图2-4　五间双厢带走马廊式平面

1914年在溧阳路一带也成片出现类似民居。当时这类房屋主要供洋人居住，国人很少涉足其间。

1920年前后，又出现一类较早期花园里弄民居更胜一筹的民居，不仅功能齐全，而且式样新颖，装修精致。如1925年建造的新华路211弄外国新村、1933年建造的淮海中路1273弄新康花园等。前者为独户使用的花园里弄民居，后者为分层居住的公寓里弄民居，其中建造数量以花园里弄民居为多。

这期间还出现一些用地节约、构筑简单的里弄民居，如1932年建造的万航渡路信昌工房等，它们与单开间民居相似，只是不设前天井，俗称广式房子（图2-5）。

抗日战争期间，闸北、南市、郊县被毁房屋达数万幢，外地又有不少人进入上海租界避难。当时国难临头，新建民居极少，仅一些未了工程如巨鹿路景华新村等在续建中。来上海避难者因住房奇缺只能在市区租界内投亲靠友，形成当时市区住房极度紧张的局面。1941年12月，上海全部沦入日本控制之下，里弄民居的建造基本处于全面停止状态。

1945年抗日战争胜利，国民党政府更趋腐败，通货极度膨胀，民不聊生，上海房地产业十分萧条。

1949年上海解放后，人民政府十分关心人民的居住生活，建造了大量的职工住房。里弄民居虽有其优点。但不如新建工房更切合时代的需要，故在之后就再也看不见有新建里弄民居的地方。

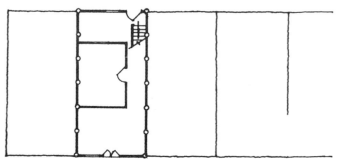

图2-5　信昌工房（广式房子）平面及外观

第三章

分　类

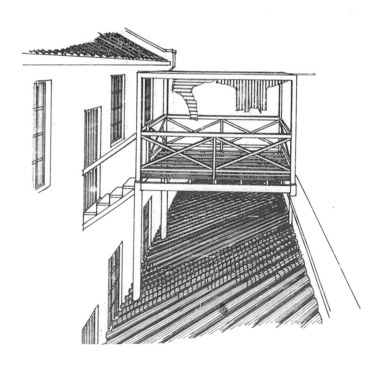

上海里弄民居数量很大，早期建造的与抗日战争胜利以前建造的相距有半个多世纪，在布局、外观、结构、用料、设备、环境等方面均有较大的差别。

里弄民居习惯上分为七种，即老式石库门、西式石库门、广式石库门、接连式小花园洋房、和合式花园洋房、独立式花园洋房和公寓。1949年以后，上海市房地产管理局把过去的习惯分类加以简化，并结合房管工作，将全市列为正规居住房屋分为旧式里弄、新式里弄、职工住宅、独立住宅和公寓五种。其中职工住宅系指新中国成立后建造的大量新工房。这种分类法沿用了30多年，已为大家所熟悉和接受。1958年上海市房地产管理局还对这五类房屋作了如下说明：

（1）旧式里弄：指旧式里弄和广式石库门等，式样陈旧、设备简陋、屋外隙地狭窄、砖木或砖混结构的接连式住宅（接连式亦称联排式或并排式），普通零星住宅及老宅基也包括在内，如南京东路的大庆里等。

（2）新式里弄：指沿马路或里弄内接连式新颖住宅，装修优良，具有卫生设备、煤气炉灶或兼有小花园、矮围墙、水泥阳台等，如静安别墅等。

（3）独立住宅：指四面或三面临空的独立式、和合式住宅（和合式亦称双连式或毗连式），装修精致，设备齐全，花园空地较大，房间数量较多，一般都备有卧室、客厅、餐室、厨房、卫生间等，有的还配有汽车间、门房间等附属建筑，如上方花园、福履新村等。

（4）公寓：指具有分层住宅形式的独立式多层建筑，各层均有成套房间，包括起居室、卧室、厨房、浴室等自成一个独立居住单元，各有室号，专门出入，邻居互不干扰，并设有共用大门厅、楼梯间或兼有电梯等，如培恩公寓。

（5）职工住宅：指1949年以后由国家或企业单位统一建造的专供职工居住的住宅，俗称新工房，如曹杨新村。

参照以上两种分类，并以房管局现行的分类为基础，稍作如下修正。

首先，不列"职工住宅"。因这类住宅，新中国成立后全国建造量特大，且建筑形式均大同小异，缺少明显的地方特色。

其次，旧式里弄民居在上海流行了近百年，建造量又占全市里弄民居的70%以上，从其功能和环境角度来考虑，如果专列一类，仍过于笼统，不便于建筑历史研究的要求，因而按习惯分为早期石库门民居和后期石库门民居两类。其主要区别有三点：（1）三开间二厢房石库门民居绝大部分是早期建造的，将它归入早期石库门民居一类。（2）二开间一厢房石库门民居，建造时期有先有后，且有不少是为了利用土地而与三开间单元或单开间单元镶拼建造的。为了切合实际和便于区别其建造时期，常用厨房屋顶作标志，建造年代早的厨房屋顶为铺蝴蝶瓦的坡屋顶，归入早期石库门民居；建造年代晚的，厨房屋顶为钢筋混凝土平屋顶，或者原始结构为亭子间钢筋混凝土楼板，归入后期石库门民居。（3）单开间石库门民居，建造年代较晚，归入后期石库门民居；广式里弄民居建造年代与后期石库门民居相当，也归入此类。

再次，习惯称作接连式小花园洋房的改称新式里弄民居。鉴于花园洋房与小花园洋房常有混淆，故将重点放在接连二字上，凡是不能三面开窗的接连式花园洋房，不论大小都列入新式里弄民居。

最后，归入公寓和花园住宅两类里弄民居的，仅指建于里弄内的公寓住宅和花园住宅，但不包括那些独院的公寓大楼和花园洋房。为了简化统计口径，凡一处里弄内有四个单元以上的公寓和花园住宅的都属此类。至于和合式住宅或和合式公寓，则至少要有八个单元以上，方分别纳入花园里弄民居和公寓里弄民居之列。

通过修正后的上海里弄民居分类意见是：早期石库门民居、后期石库门民居、新式里弄民居、花园里弄民居和公寓里弄民居五类。需作说明的是，第一，古有"五家为邻，五邻为里"之说，里弄民居属于集居建筑形式，而少于十个单元的接连式民居与集居情况不大符合，故不予列入；第二，有些里弄民居是沿街建造的，往往在底层开设店铺，店的后门则通过里弄出入，这些可作为里弄民居看待，不因有店铺而予以排除；第三，凡一处里弄内有几种不 同类型的民居时，则以单元数量最多的类型作为该里弄的 民居类型。

第四章

分布与规模

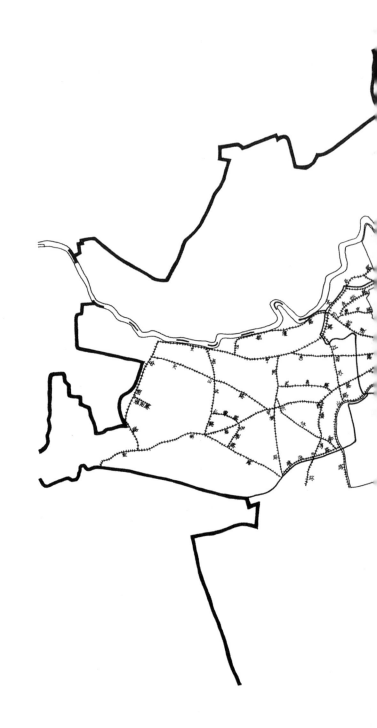

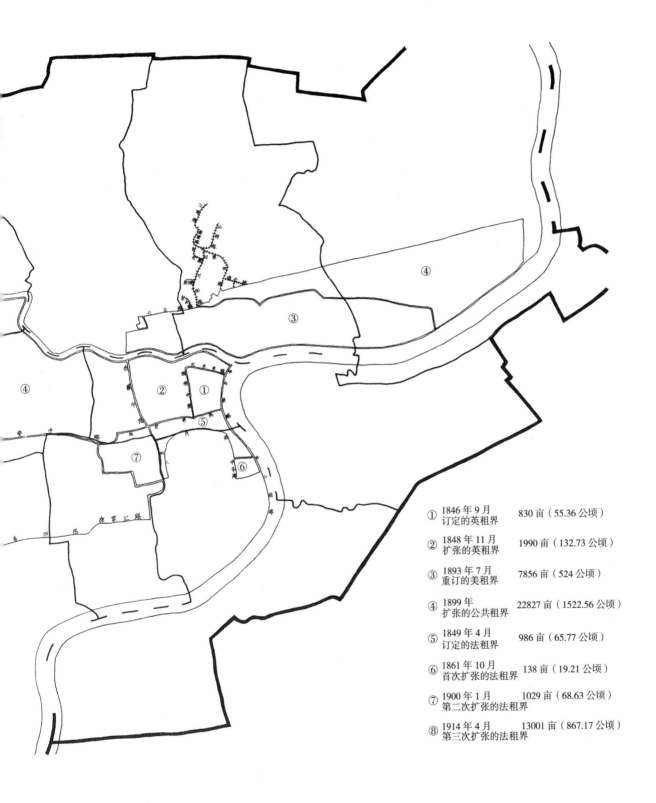

① 1846 年 9 月　　830 亩（55.36 公顷）
　订定的英租界

② 1848 年 11 月　　1990 亩（132.73 公顷）
　扩张的英租界

③ 1893 年 7 月　　7856 亩（524 公顷）
　重订的美租界

④ 1899 年　　22827 亩（1522.56 公顷）
　扩张的公共租界

⑤ 1849 年 4 月　　986 亩（65.77 公顷）
　订定的法租界

⑥ 1861 年 10 月　　138 亩（19.21 公顷）
　首次扩张的法租界

⑦ 1900 年 1 月　　1029 亩（68.63 公顷）
　第二次扩张的法租界

⑧ 1914 年 4 月　　13001 亩（867.17 公顷）
　第三次扩张的法租界

图 4 - 1　　1846～1914年上海租界及越界筑路分布图

（一）分布

上海里弄民居是租界出现以后才产生的，又是随着租界的扩张而发展的，因此，在介绍里弄民居分布情况时，先叙述一下租界的演变过程。

上海最早的租界是1846年划定的英租界，是清政府上海道和英领事于1845年11月在第一次"租地章程"中划定的，当时只定南北两边，东西未作规定，在1846年4月才正式确定四周范围。租界占地55.36公顷，部位见图4-1的①。1848年11月，英领事与上海道订立协定，又将租界的西、北两边向前扩张占地132.73公顷，部位见图4-1的②。

1848年中美"望厦条约"签订，美以"利益均沾"为由，要求像英方一样在上海设立租界。1846年至1849年间，美传教士文惠廉要求虹口一带作为美侨居留区，当时上海道只是口头同意，没有正式协定，更没有确定界址。直到1863年6月才由上海道与美领事双方派员实地踏勘确立租界边线，但没有树立界石，给以后美租界的扩张留下可乘之机。1893年7月美领事再与上海道派员双方实地勘察后，才将界址确定。美租界占地面积524公顷，部位见图4-1的③。

1862年太平军进入上海，美租界无力防御，乃倡议英、美两租界合并，经英方同意于1863年9月合并为"洋泾浜北首外人租界"。第四次"租地章程"签订后不久，英、美领事就以种种借口要求扩大租界面积，清政府于1899年7月竟允其扩展三处，面积共1522.56公顷，并正式命名为"公共租界"，部位见图4-1的④。

1844年中法签订"黄浦条约"，允许法方在五口通商地区租地造屋。1848年7月上海法领事提出正式照会，要求设立法租界，并在第二次"租地章程"中提出范围，上海道于1849年同意将原洋泾浜之南划为法租界，占地65.77公顷，部位见图4-1的⑤。1861年第一次扩张了9.21公顷，部位见图4-1的⑥；1900年第二次扩张了68.63公顷，部位见图4-1的⑦。从1901年开始，法租界以第四次"租

地章程"为依据，越界筑路20余条，所到区域的警察权、管理权均归租界，并于1913年要求第三次扩大法租界，当时正值袁世凯执政，于1914年同意扩大占地867.17公顷，部位见图4-1的⑧。

此外，"公共租界"在1925年以前也越界筑路39条，越界筑路部位的管辖地区估计在3000公顷以上。

上海里弄民居的开始和发展是同上述租界的演变同步进行的。早期石库门民居主要分布在黄浦江以西，西藏路以东，苏州河以南，旧城厢以北，即目前黄浦区的中心部位。接着建造区域向西、北、南三个方面扩展，首先填补了黄浦区的空隙部分，再向苏州河北岸的虹口区、成都路以西的静安区、延安东路以南的卢湾区推进。随着区域的扩展，建造形式也从早期石库门里弄转入到后期石库门里弄；建造规模也由二、三十个单元，扩大到一、二百个单元。同时因工业发展的需要，在黄浦、普陀二区也出现了不少后期石库门里弄民居和广式石库门民居。此外还有一小部分后期石库门里弄民居渗入徐汇、长宁两个区。这样，大体上形成了一个以黄浦区为中心的早期石库门里弄民居的居住区，和环绕在北、西、南三面的后期石库门里弄民居的居住区。这是早、后期石库门民居在租界内的分布概况。

南市与闸北不属租界范围，由国人自管。南市原为上海县城，在租界出现以前，城厢房屋与道路早具规模，因而新建不多。城外东南部分濒临黄浦江，往来船舶甚多，贸易旺盛，开埠后更加热闹。由于受到租界兴建里弄民居的影响，也发展了一些早期石库门里弄民居，如豆市街、吉祥路的敦仁里、棉阳里等就是这个时期建造的。1913年拆除城墙，建成了民国路（现称人民路）；次年，又建成了中华路，形成的环城马路，沟通了城厢内外。在马路两旁及内外空地上，建造了一些后期石库门里弄民居，总的说来，数量不多、也比较分散。闸北在苏州河北，开埠以前，当时的老闸与新闸（即福建北路与大统路）之间已有集市，苏州河通行小火轮后，得到进一步发展。1860年，在原宝山县的地界上，外地跑来定居的人口渐趋稠密，这片土地就称为闸北。1898年淞沪铁路通车，车站即设在闸北。1900年成立的上海闸北工程总局，是商、民合办

的市政机构，它兴筑了桥梁，沟通了苏州河两岸交通。1909年沪宁铁路通车，车站即设在淞沪车站旁，即原"北站"。工程总局又先后修建了20多条马路，闸北的市政设施，才有了一个初步规模，此后就向西、北方向推进。与此同时为解决居住问题，相应出现了不少后期石库门里弄民居，这些民居在"一二·八"和"八·一三"两次事变的战火中，大部分遭到毁坏，目前仅有少部分存在。这是早、后期石库门民居在南市、闸北的分布状况。

第一次世界大战结束后，出现的新式里弄民居，主要分布在虹口、静安和卢湾三个区。虹口区是从苏州河北岸和大名路西侧逐步向北向西推移的，该区东部、南部的里弄民居较为陈旧，往西往北的较为新颖，质量也较好。当时这三个区的人口密度和土地价格都低于中心地区，且环境干扰不多，属于闹中取静的地段，适宜于社会中上层人士居住，新式里弄民居就因此应运而生和发展起来。当此三区次第繁荣热闹时，新式里弄民居建设又往西推进，转入现在的徐汇和长宁两区。其他五个区：黄浦、杨浦、普陀各有少数几处；南市仅有尚文路龙门村一处；闸北为空白。

1937年抗日战争前，上海里弄民居已经遍布市区大部地区。它的范围是：北起虹口公园、曹家渡；西经梵皇渡路、华山路；南沿肇家浜路和陆家浜路；东达黄浦江边这样一个区域里。同时反映了里弄民居分布上的由东向西的先后次序。

至于花园里弄民居和公寓里弄民居本身数量不多，早期建造的，黄浦与虹口均有一部分。1930年前后建造的分布面较广，比较集中的有静安、卢湾、虹口、徐汇、长宁五个区。抗日战争以后建造的绝大部分在徐汇区。

（二）规模

里弄民居的规模和其他事物一样，与当时的经济条件和技术水平有关，且依其本身的特殊性，最终取决于建造者掌握基地的大小。

早期的里弄民居是用传统材料构筑的，尽管当时投资者资力不够雄厚，但因地价便宜，造价不高，还能建造相当数量的房屋。前章提到的1876年以前建造的兴仁里，弄内有三开间单元30个，沿街店铺单开间单元27个；与兴仁里建造年代相近的山西路昼锦里，弄内房屋连同沿街店铺折合三开间单元共47个。这两处早期里弄民居的规模都属于较大的，其他附近地区的早期里弄民居的建造规模大致在10～30个单元之间。如汉口路兆福里为三开间25个单元，福州路福祥里为三开间17个单元，广东路公顺里为三开间19个单元等。

1911年以后出现了多处较大规模的后期石库门民居。1916年建造的新闸路斯文里，是迄今为止规模最大的石库门里弄，它占地3.21公顷，建有房屋达664个单元（图4-2）。其他如塘沽路东德安里有单开间单元284个，复兴中路永裕里有单开间单元162个，也都是规模较大的后期石库门里弄民居。

新式里弄民居中规模较大的单元数在101个以上的，如南京西路静安别墅，有186个单元；四川北路永安坊，有183个单元；淮海中路淮海坊，有170个单元等。规模在70～100个单元的，如重庆南路的万宜坊，有95个单元；富民路的富民新村，有83个单元；巨鹿路的景华新村，有72个单元等。规模较小的里弄在50个单元以下的，如长乐路沪江别墅有25个单元，山阴路新恒丰里有21个单元，茂名南路梅村仅12个单元等。

花园里弄民居的建造规模较小，但占地面积却相当大。如新华路211弄因住洋人而得名的外国弄堂，房屋建筑仅二万平方米，用地3.7公顷，由于建筑密度小，形成幽静舒适的居住环境。

公寓里弄民居出现的时代较晚。它脱胎于花园里弄民居，外形相似而内容不同，建造规模更小，其最大特点就是层数较多，一般为三四层，个别的甚至五层。如淮海中路的泰山公寓，南京西路的花园公寓等。

上海在原来的82平方公里的旧市区范围内，大致有上述各类里弄民居3700处，共计有147000个单元，平均每处约46个单元。其中每处200个单元以上的约占7%，在151～200个单元的占5%，在101～150个单元的占

11%，在 51～100 个单元的占 278%，在 11～50 个单元的占 49%。

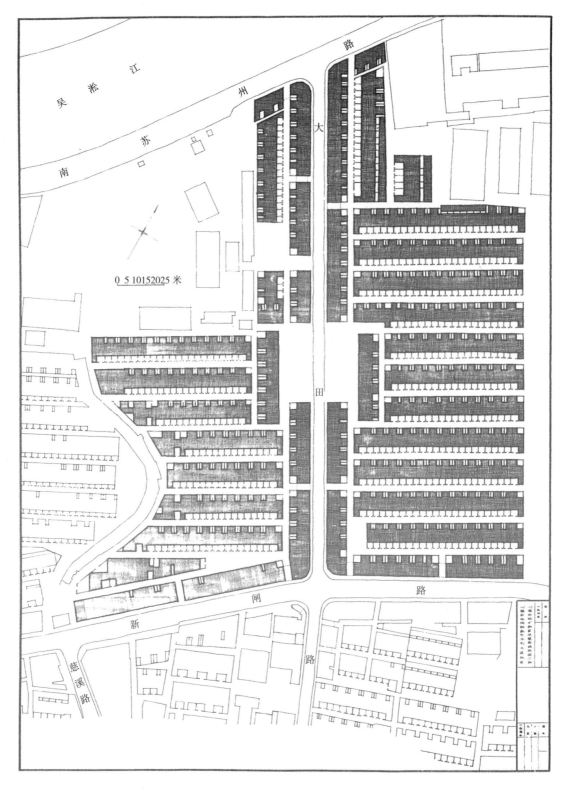

图4-2 斯文里总平面图

第五章

总平面布局

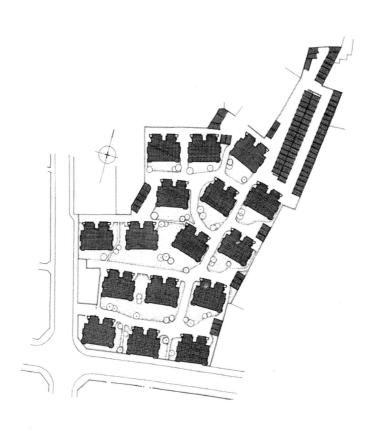

里弄民居的总平面布局是根据投资多少、基地大小、地形环境、建筑法规等因素而合理安排居住建筑的；同时对里弄交通、市政公用设施、绿化、车库及其他等也适当考虑，力求为居民提供一个舒适和谐的居住环境。

（一）民居建筑

民居建筑是里弄民居的主体，它的组合可分为两大类，一类为行列式民居，一类为散列式民居（图5-1）。

行列式民居包括早期、后期石库门民居和新式里弄民居三类，它们多为横向接连建造，单元数量众多，形式基本统一的居住建筑群；也有个别采用前后衔接的排列，如广东路公顺里等极少数几处。

行列式民居在布局时，为了节约用地，对房屋前后间距，采取压缩的办法，一般为1∶0.7左右（图5-2）。从当前的冬季日照要求来看是欠缺的，但这些民居的原设计意图为一个单元归一户使用，底层都为客厅餐室，而楼上房间的日照条件是可以的。改为多户使用以后，底层住户的冬季日照条件就差了。

布局中为了减少干扰和争取阳光，早期、后期石库门居民往往用前天井围墙和厢房山墙面向支弄，以取安静，并从前天井和里弄的相邻空间争取日照。新式里弄民居则以屋前的小花园作为民居与里弄的间隔来求取安静。也有不设小花园，而用提高底层窗盘高度、加阔里弄宽度的办法来争取安静。巨鹿路景华新村就是采取这种办法争得底

层起居室少受干扰的实例。

散列式民居有花园里弄民居和公寓里弄民居两小类。它们建筑精致，设备周全，用地宽舒，建筑密度也不高。散列式民居既是一个群体，又是独立、分散布局。因此，节约用地，减少干扰，争取阳光等在这些民居中，都不是很大的问题。由于地多屋少，建筑临空，体形外观是否美好，相互间是否协调等则成为突出问题。有些里弄在这些问题上处理得很好，如北京西路707弄花园里弄民居共24个单元，格调形式一致，一望便知是个完整的居住建筑群。又如建国西路福履新村共有15个单元，形式大小各不一致，但建筑风格相同，也能使人感觉到这是一个协调统一的整体。有些范围大，房屋多，一部分单元是这个形式，另一部分又是那个形式，但排列有序，格调接近，色彩统一，新旧一致，使人一见便能品味到这是一个精心设计的统一的建筑群体，如淮海中路上的上方花园和上海新村。也有一些处理不妥的，在一个基地内包含多种形式，高低大小不一，饰面粉刷各异，彼此之间又缺乏必要的呼应，令人看后有硬拼在一起的感觉，如长宁路兆丰别墅，当时系采用土地分块出租、出售的办法，由不同业主自行投资建造，结果全部约60多个单元，计有19种形式，并在同一大门进出，不像一个整体建筑群，效果不好。

里弄民居中有一个沿街店铺的问题。里弄民居是街坊组成的一部分，除了嵌在街坊中间的用地以外，总有一些土地面临街道，还有少数甚至占有整个街坊，四周都面临街道。为了提高这部分土地的使用价值，一般都是兴建沿

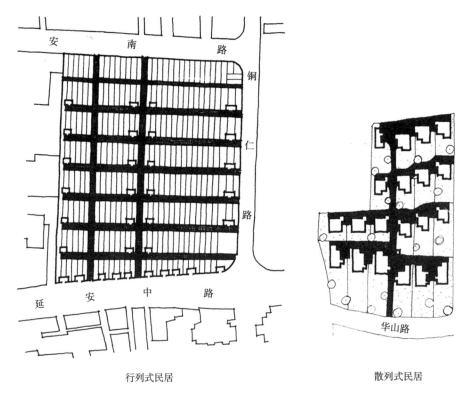

行列式民居　　　　　散列式民居

图5-1　行列式和散列式民居

街建筑，底层为店铺，楼上为民居，这样还能起到繁荣市面、点缀市容的作用。对弄内民居来讲，也具有隔断噪声、保持安宁的功能。但不是所有沿街土地都适宜设店铺，如僻静冷落地段的沿街底层，就仍以建民居为宜。

至于里弄民居本身的公共建筑，当时在布局时一般并无配套要求，只是在市场经济的调节下，居民迁入后，附近就有一些小商店应运而生，如油粮店、服装店、理发店等。其中以弄口的烟杂店尤为突出，一般设在弄口搭建的

棚屋内，是全弄进出必经之处，店主住在店内或里弄内，大多还兼管清洁和安全工作。小店经营烟纸杂品，为居民日常所必需，开门早，关门晚，营业时间外若有急需，还可敲门呼叫，居民称便。还有一些里弄属于某个厂矿企业建造，规模较大，民居类型也多，布局时都安排了公建设施，如澳门路660弄、许昌路227弄等，但这类里弄民居在全市只占极少数。

（二）里弄交通

里弄民居多数只占街坊的部分用地，少数有占一个完整街坊的，如南京东路大庆里等（图5-3之①）；有的嵌在街坊中间，两边沿街，前后有弄可以贯穿的，如北京东路830弄瑞康里等（图5-3之②）；有的占街坊一半，三面临街，如永康路兴顺里等（图5-3之③）；有的处在街坊转角部位，如汉口路兆福里等（图5-3之④）；有的三面嵌在街坊中间，单面临街，如广东路公顺里等（图5-3之⑤）。还有其他各种不同形式，由于用地的形态不同，

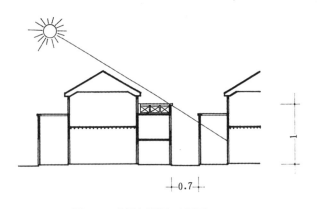

├─0.7─┤

图5-2　房屋间距及日照图

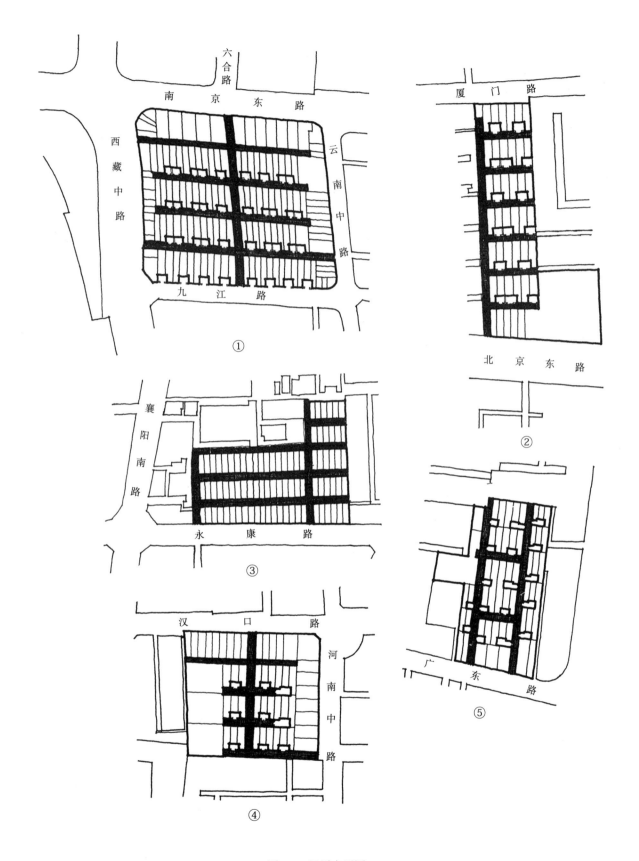

图5-3 里弄交通图

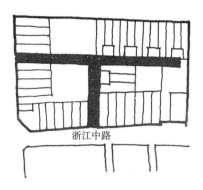

图5-4 "丁"字形里弄骨架图

图5-6 里弄进出口

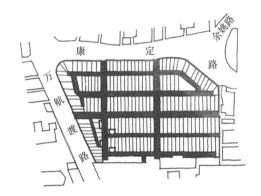

图5-5 两条总弄的里弄平面图

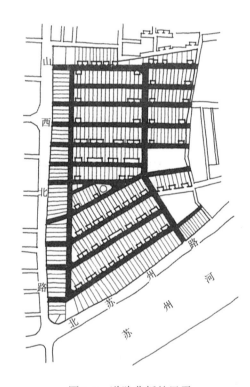

图5-7 道路曲折的里弄

民居中里弄的布局和走向也各异。

民居的里弄布局,在行列式中,每排侧面——也就是山墙一侧常设总弄,它前设置支弄,构成基本的"丁"字形里弄骨架(图5-4)。随着用地的延伸发展,有"十"字形、"廿"字形、"井"字形、"口"字形、"田"字形等多种形式出现。

早期石库门里弄的路幅宽度,总弄需符合消防要求,一般在4米以上;支弄只求能通行人力车,一般在2.5米以上;后门相对的后弄,可压缩至1.5米;新式里弄民居时期,小汽车已经流行,质量较高的民居已配有车库,里弄路面宽度已按机动车行驶要求,一般总弄在6米以上,支弄在3.5米以上。

里弄的总弄是供人、车来往的干道。一处里弄有的一条,有的两条,甚至有三四条的(图5-5)。它的位置一般总是布置在用地的中央或其他交通流量繁忙的地位,它与街道相交点,是里弄的进出口。设有铁或木栅门,两旁有门柱,上有过街楼,有的没有过街楼,仅有门柱,但都有弄名标志,周围还有一些花饰(图5-6),便于进出者记认,识别感很明显。

支弄较总弄狭小,有的两端与两条总弄衔接;有的一端与总弄衔接，另一端直通街道，有的为尽端胡同，仅有一端与街道或总弄衔接；少数支弄因地形或布局关系，也有曲折转弯的（图5-7）。支弄居民为了保持客厅与餐室的安静清洁，常有由后门进出的习惯。后门靠近厨房，厨房面积不大，许多家务通过后门移至支弄操作，孩子也跟着出来，左邻右舍都是这样，支弄实际成为邻里交往、孩童游戏的户外公共活动的空间，功能比总弄复杂，因此，路幅不能太窄。

里弄路面的铺设材料，早期为青石或花岗石石板，以后多用水泥混凝土铺筑，少数用沥青浇筑。

散列式民居的里弄布置形式，与行列式相似，有总弄、支弄，形式自由，弯道柔和。路面材料，有水泥混凝土和沥青两种。有些里弄还有通向车库的车行道，路幅宽度，按需要而定，不求一律，如永康路175弄、复兴中路陕南村等都是采用这种方式。

（三）市政、公用设施

上海的市政设施与公用设施包括：道路、桥梁、废水、污水、上水、煤气、电源、电信等。其中，废水、污水、上水、煤气、电源、电信等六项与里弄民居都有直接关系。这些项目由政府或专业公司投资建设，居民需要接装使用时，只要房屋符合规定条件，又在管线到达范围之内，并能照章支付费用的，一般都能同意。

在早期、后期石库门里弄民居中，有自来水、照明电源、废水排放的设施，在煤气管道范围内的可以申请接装煤气。新式里弄以上民居，除具有以上设施外，普遍装有卫生设备和污水排放设施。至于电话问题，各类民居都可申请装设。这些设施的管理维修，均各有规定办法。上水供应方面，规定一处基地只许装设一只水表，不同管径设不同大小的水表，一般三四十个单开间单元的里弄，进水管径大小约为3.35～5.00厘米。规定水表以内管道的管理维修和水费分摊等均由申请装设单位负责；水表以外的由专业公司负责。照明电源方面，规定一个单元装一只电表，容量一般为3～5安培，装设在单元进线处，它的管理维修，电表

以内由报装者负责，电表以外则由专业公司负责。新中国成立前，原法租界的照明电压为110伏，原公共租界则为220伏；1949年以后，1959年全市统一为220伏。里弄下水道与街道干管衔接设有窨井。窨井以内的管道，由申请接装者负责管理维修；以外的由市政部门负责。煤气灶每具一表，管理维修都由专业公司负责，用户只管使用与纳费。电话的计数、维修、管理均由专业公司负责。污水的排放方式有两种：一种是民居污水管道直接通入里弄污水干管，再与城市污水干管衔接排放，它与民居废水排放为两个系统，旧称分流制；一种是由民居污水管接入化粪池，经过初级处理，与废水一起排入城市下水干管，旧称合流制。过去上海只有原公共租界西、北、东三个污水处理厂，在它们污水干管到达的范围内，采用分流制，其余都是合流制。它在管理维修上的分工与下水道一样。

（四）民居绿化

在里弄民居的天井、花园中点缀一些绿化，既能美化居住环境，还能陶冶居民心情，大一点的花园还能起到改善民居小气候的作用。在早期、后期石库门民居中，建筑占地较多，天井很小，仅12～16平方米，都为石板地或水泥地，又有围墙、厢房遮挡，日照时间极短，不利于植物生长。爱好绿化的居民，常在天井里采用砖砌花架，将盆花、盆景搁置高处，以改善日照条件；或者砌筑花坛，栽种耐荫植物；或者在墙边种些常春藤、爬山虎，也能起到一定程度的绿化作用（图5-8）。总之，天井里有点绿化，会给封闭小院增添不少生气。

新式里弄民居的小花园，按进深大小，可分为三类：一类是花园深度在2米左右，部位在民居的屋前，大多为水泥地，是名副其实的小花园，它前面用矮围墙或铁栏杆、竹篱笆等与支弄分隔，日照条件较石库门民居的小天井为好，可安放一些花盆、盆景，栽些夹竹桃、凌霄等，透过栏杆空隙或跨过矮墙头与里弄连成一起，由于爱好不同，整条接连小花园，可以形成变化多姿的小环境景观，给人以愉快的感觉（图5-9）等。另一类是和石库门民居天井

图5-8　石库门民居外围墙绿化

图5-9　上海新村围墙绿化

图5-10　幸福村前庭院

图5-11　上方花园中间庭院

深浅一样、条件相似的小花园,也是水泥地,只是围墙较低,栽植较有利,但面积小,也只能放点盆花盆景,种点小灌木,如南京西路金城别墅等。还有一类,进深较大,在6米以上,除了必要的路面外,还有一些裸土可供栽种花木或铺盖草皮,既可供业余赏玩,又可给儿童活动,如华山路幸福村(图5-10),由于花木草皮能吸收太阳辐射热,又能调剂湿度,可以改善居室小气候。

花园里弄民居和公寓里弄民居的花园空地,一般较开阔,比新式里弄民居花园更大,裸土面积更多,除灌木草皮外,还可栽种乔木,庭园景观可以形成郁郁葱葱,层层叠叠,惹人喜爱,倍增情趣,如淮海中路上方花园(图5-11)。有些还在民居集中的地段设置中心绿地,栽植花木,丰富景观,隔断对望视线,如复兴中路剑桥阁(图5-12)。至于里弄内的私家花园,已达到一定规模,环境又十分优美,则无需另设中心绿地,如淮海中路新康花园前段的二层公寓等。

(五)汽车间

新式里弄民居中标准较高的都设有汽车间,花园和公

图5-12　剑桥阁里弄街道绿化

寓里弄民居更是家家具备。其设置部位，一般都在用地的边角或不规则的地方,但须辟有满足车辆回旋进出的车道。陕西南路陕南村有近百个汽车间，分散安排在边段，看上去很妥贴；永康路175弄沿街民居的车间设在底层；华山路卫乐园的车间设在正屋旁边；新康花园后部五层公寓的车间设在用地的中部，离公寓约有100米左右。以上这些车间一般为平房，有的在车间顶上设一间驾驶员卧室，成为二层楼；还有一些车间附建在正屋底层，顶上为正屋的居室。1949年以后，由于国家控制小汽车的发展，原汽车间目前几已全部住入居民。

（六）其他——门牌、路灯、消防、垃圾箱

上海里弄门牌号码是由公安部门按民居单元订立的。单元不论大小，每个单元一个数码；单元的后门不论多少，概不单独计数。它的排列方法，由主要总弄的入口起算，分左右排列，靠近入口处的数字最小，弄左为单号，弄右为双号。如总弄两端为二条街道时，或者一处里弄有几个进出口时，民居的门牌只按开始的序号排下去，而不把靠近另一个进出口的民居另起编排。如果总弄在一侧时，编号不分左单右双，而按数序排列下去。沿街道的店铺或民居大门面向街道的，均按街道门牌排列。通达街道的里弄，本身有个门牌问题，它是和店铺及沿街大门一样，按街道门牌排列，如"364弄"是指街道的门牌数，也是指"364"是"弄"，而不是民居单元或沿街房屋。

里弄路灯为里弄的一种必要的照明，一般为白炽电灯，装设在每排房屋的山墙角的上部，总弄、支弄都能照到，高度离地面为5~7米，路面照度有明有暗，每平方米在1勒克斯左右。里弄路灯在房屋建成接电时，由供电部门接装，设专用电表，费用由申报单位一次支付，经常性的维修管理、灯泡调换等均由申报单位自理。

里弄消防设施一般是利用街道消防装置，但进出口距离街道超过60米的，弄内就要设置消防用水管道。如巨鹿路820弄景华新村就设有弄内消防装置。

里弄中都设有垃圾箱，最早是木制的，后来改用砖砌，水泥砂浆粉刷，固定在围护墙上。它的容量规格、设置地点和装设数量、原总平面布局都没有考虑，都是在事后由房屋业主添设的，由于垃圾箱是储存生活垃圾的，既有异味，又滋生蚊蝇，居民都不愿将它设置在自己家门附近，所以在选择设置地点时，煞费周折，但总难尽如人意。设

置的数量也因缺乏一定的依据，而远近不匀、大小失调。从已有垃圾箱的设置来看，大致可分三种：（1）放在基地内远离建筑群的隐僻处，居民倒垃圾可能远一点，但他们还是愿意的，不过有条件这样安排的里弄不多；（2）设置在总弄两侧山墙上，这是最多的一种，虽然妨碍交通，影响观瞻，但居民意见不多；（3）放在弄内的尽端围护墙上，是最不受欢迎的一种，特别是支弄尽端，接近居民家门，而且清除困难。最近上海有些地方已采用可以移动的铁桶作为垃圾储存桶，有些地方采用塑料袋存储垃圾，但都在试验阶段。至于垃圾的清除工作，砖砌垃圾箱靠人工清除，铁桶由专用汽车吊起倒入车箱，塑料垃圾袋每两天有汽车定时接运，不论用哪种方式清除里弄垃圾，还得要有专人负责最后打扫，才能保持里弄的清洁卫生。

从上海里弄民居的总平面布局来看，各类民居都有一个良好的居住环境，能给人留下两点比较深刻的印象。第一是安静。上海 82 平方公里旧市区内，人口、车辆高度密集，噪声严重，但在里弄内部，由于沿街建筑与围墙能与四周街道隔断，降低或缓解了噪声的强度，形成了一个比较安逸幽静的居住环境，深受居民喜爱。有些规模较大的里弄，总弄人流来往频繁，较为嘈杂，但在支弄内仍能保持安静，尤其是尽端式里弄两旁的民居，影响极微，至于处在工厂企业近邻的民居，只好另作别论了。第二是干净、卫生。里弄民居的公共使用部分，仅有里弄路面和沿弄的小花园水泥地，大多没有表土暴露，加上管理制度良好，每天都有专人清扫，一进里弄的普遍印象是房屋排列

整齐，环境干净、卫生。在建筑间距小、里弄路幅不大的情况下，即使是盛夏炎日，也因日照短，小气候条件比开阔地区来得阴凉。冬日虽常处阴影之中，但前后排距离近，高处阳光反射带来的辐射热，可以稍稍缓和一下阴凉空气，使行人有一点温和的感觉。

从上海里弄民居的总平面布局中，还可对早期石库门里弄民居的来源作一初步探索。早期石库门里弄民居大致出现在 1870 年前后，当时上海旧城厢已是工商繁荣、人烟稠密，城市房屋鳞次栉比，富户住房都是几开间几进深的大院，目前还有一些遗留在南市区，如巡道街 77 号等。这种为满足富裕阶层生活方式的建筑形式，必然会影响当时处在邻近的租界内建造的里弄民居。三开间二厢房的民居就是受了左右对称、前后封闭的几开间几进深民居的影响。在城镇中土地价廉，房屋可以建成一进一进的平房建筑，进入租界后要把生荒的土地开发为可建筑的用地，需要投入一定资金，不再可能与城镇一样把房屋平面铺展。最好的办法是把一进一进的平房叠加为二层或三层的楼房民居，并按传统方式接连建造，分行排列，左右前后有小巷沟通，既节约了土地又遵循了习惯，这就形成了城市型的早期石库门里弄民居的总体布局。有些人认为这样布局是受了西方联列式住宅的影响，实际上我国古老城镇中，沿街建筑的接连布局，民居内部的里巷交往，早已形成这种手法。所以，不管东方还是西方，民居的布局，总是在不同的历史条件下，根据当时当地居民的生活习惯、经济能力和科学技术水平构成的。

第六章
分类民居的特点

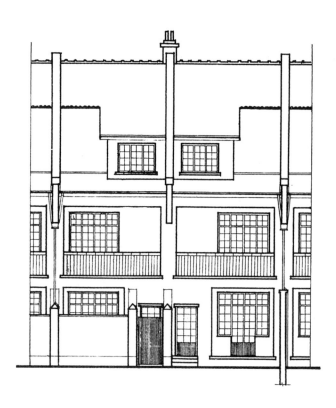

（一）早期石库门民居

早期石库门民居，一般为二层楼三开间一个单元，也有二开间的，每排单元数不一，少的仅一个，多的有五六个。

"石库门"是以石料为门框，木料为门扇的民居大门，每个单元都有。用材相同，规格一致；不论单元大小，石库门总是一个样式。由于它的存在，加强了接连式民居的韵律感，给人留下深刻的印象。

早期石库门民居的单元建筑平面大多呈矩形，左右方向较狭，前后间较长。前后各设一个出入口，都通向作为交通道的弄堂。有些民居的单元建筑平面随不规则地形而变化，往往会呈现出一边或两边倾斜的平面形状。

民居的开间跨距大致为3.6～4.2米，进深长度约16米左右。三开间一个单元的民居占地面积约为200平方米。个别房地产业主自用的住宅，开间多达五至七间，进深也特别大，占地面积在400～600平方米之间。

早期石库门民居的布置，有一定的格局（图6-1），正面入口处，是一堵高约5.4米的围墙。大门镶嵌在围墙的中间，采用1.5米宽、2.5米高的双扇内开石库门。门内即为16平方米左右的天井。天井的左、中、右三面都是主要房间，正对着大门的是客堂，紧接其后设有楼梯间；左右两侧为居室，称为厢房。厢房深度为天井、客堂加楼梯间的总和，通常用作书房、卧室或起居室。客堂、厢房、楼梯间组成早期石库门里弄民居

的正屋部分。

客堂面向天井，设置统排落地长窗，臼式铰链，拆装方便。居民在需要时，可卸下落地窗，敞开石库门，打通客堂、天井和原来公用的弄堂，形成室内外融通的大空间，进出十分方便，采光通风也很好，可以适应大量人流集中活动。这种扩大使用空间的多功能处理手法，非常适合我国人民的传统生活习惯。

厢房前部向天井开窗，中、后部向客堂及楼梯间开门，向后天井开窗。这种做法的结果，厢房前部的采光通风较好，后部的采光通风则较差，这是大进深房屋的通病。在

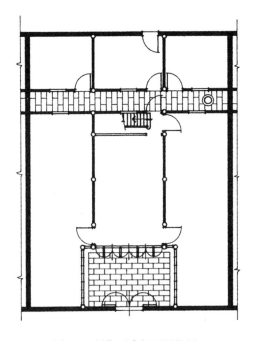

图6-1 早期石库门民居格局

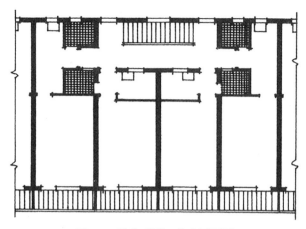

图6-2 沪住型职工住宅平面图

每户使用一个单元的条件下，问题比较容易解决，可以将采光通风好的部位用作工作、学习或活动场所，条件差的部位可布置家具、安放杂物或休息之用。

楼梯大多采用单跑梯段直上二层，二层楼梯间向前楼（亦称客堂楼）及两侧厢房开门，楼梯间兼作楼层过道，安排很紧凑。20世纪80年代前期，上海的"沪住"型职工住宅也采用这种手法（图6-2），建造了数百万平方米住宅。前楼与两侧厢房前部开门相通，并均沿天井开设统排窗，厢房后部及楼梯间则向后天井开窗。

正屋后部为附屋，是单坡斜屋顶平房，宽度与正屋平齐，深度在3~4米之间，用作厨房、杂屋或储藏室。前部正屋与后部附屋之间为一统长天井，深度很浅，仅约1.2~1.5米，称作后天井，它将正屋和附屋完全分开。附屋向后天井开窗采光通风。附屋屋顶上面架设木晒台，由正屋二层楼梯间后部搁置的木扶梯上下。后天井内挖设水井，作生活用水的水源。

早期石库门民居的建筑外形比较朴素，也较单调。前立面由天井围墙和厢房山墙组成，在高达5米以上的大片白色石灰粉刷墙面上有二窗和一石库门。附屋虽为平房，檐头不高，但其单坡屋顶是向后天井内倾斜的。后围墙保持与前围墙等同的高度，墙面上也只开设一后门。屋面是灰黑色的蝴蝶瓦，檐口挑出墙外，露出其底面的清油木椽子和石灰刷白的望板砖。当几个单元连成长排后，在里弄内显得高大而有秩序，黑白对照的传统色调，给人稳重安全的感觉。

早期石库门民居的建筑密度是相当高的，一般都达80%以上，但房屋内部还是基本解决了采光通风问题，主要是采用传统三合院的设计手法，把各种房间围绕天井布置。民居左有邻，右有舍，前后弄堂又不宽敞，但居住其间，不感喧扰，这与四周采用高墙封闭、少开窗户的设计手法有关。民居的平面系数也较高，一般在0.8左右，这是居室采用套间、压缩通道的结果。通过这样精心安排，既做到了高密度，又保证了较好的居住条件，充分体现了用地的经济性。

早期石库门里弄民居的中轴明显，左右对称的布局，符合当时社会的传统观念，也适应生活中婚丧喜事的实际需要；面积大、居室多，对几代同堂的大家庭非常合适；外观朴素，内部装修比较讲究，对外窗户不多，但墙内部大都是统排门窗，也符合过去传统住宅封闭的要求。总之，早期石库门里弄民居的建造，非常明显是迎合当时上层人士需要的。

（二）后期石库门里弄民居

后期石库门里弄民居的主要特点是单开间居多，杂有少量双开间单元。其单元平面大都呈长条形，与早期石库门民居的区别在于开间少、宽度窄、窗户多，而进深也略有减少。这种民居，在一定面积的土地上，可以多安排几个单元，是适应当时家庭结构趋向小型化的要求。为了更节约用地，个别里弄还建造了三层楼房。

后期石库门民居的正面，特别明显的是一扇扇石库门并列在围墙中。一般8~10个单元为一排，每排的中间单元都是单开间，左右尽端单元大多为双开间。一则可以添设前厢房，充分利用土地，二则可适应一部分多口户的需要。正面前天井围墙高度与二层窗盘平齐，外墙面大多为清水墙，少数有做粉刷墙面的，上部压顶，下部勒脚用水泥砂浆粉刷。石库门门框采用砖砌，外粉水刷石面层，门头上的花饰较早期的简化。老式的花鸟虫兽图案已少见，采用西洋花纹较多，更有几何状划块划格的。背立面水泥勒脚以上和晒台栏杆墙以下部分的墙和前面、侧面的相同。晒台栏杆墙有采用实砌砖墙的，也有用水泥混凝土直条栏杆的。栏杆形状采用西洋凹凸线脚，或用砖块砌成各式民间漏花；栏杆压顶一般用水泥混凝土捣制。晒台落水通常沿挑出墙面的钢筋混凝土明沟流入水落管排放。

每个单元厨房在墙角2米高处向后弄凸出一条砖砌烟囱，高出晒台2米左右，相邻两个单元的烟囱并在一起，形成一条凸出墙面的很显眼的砌体。

正屋客堂前为统排落地长窗，二层是统排连四扇或连六扇平开摇梗窗。窗下部外墙有的用砖砌墙或板条墙，但更多的是用企口板做外墙。砖墙或板条墙一般均作混水外粉刷，有作水刷石的，也有作拉毛水泥的；外墙裙板的表面均刷油漆。檐口的处理，从用滴水瓦头发展到用木封檐板和镀锌铁皮水管水落。屋顶防水层从用蝴蝶瓦逐渐发展到采用机制或土窑平瓦。

后期石库门民居的平面布置，基本沿袭早期的样式。为了适应开间少的特点，主要是在附屋部分作了一些修改，单开间附屋上部增加一层或二层，用作小卧室，俗称亭子间。亭子间屋顶采用钢筋混凝土平板，周围砌筑栏杆墙，架设晒衣架，作为晒台使用（图6-3）。二开间附屋的变化有两种，一种和单开间一样，增设双亭子间和大晒台；还有一种是一间增加亭子间和晒台，另一间将厢房向后延伸，延伸部分的层高同正屋，底层作储藏间或卧室，二层作卧室，屋顶采用坡屋顶与正屋屋顶衔接（图6-4）。

附屋部分的深度较早期为浅，一般在2.4米左右，厨房和亭子间的面积均在8平方米上下。由于进深浅，面积小，室内净高压缩在2.4米以下，使层高与进深、面积形成较恰当的比例。另一方面，整幢房屋的横向轮廓线，体现出前高后低、主次分明的局面（图6-5）。这种做法有三点好处：

其一，正屋与附屋均为二层，附屋层高及总高较正屋为小，与正屋形成了高低错落，对后排建筑的日照、采光和通风均有利。

其二，正屋楼梯间宽度在3.6米左右，用单跑楼梯直上二层时，长度不够，要采用"L"形长短跑楼梯，它的

中间平台可以作为亭子间的出入口，既省交通面积，又可使正屋与亭子间楼面不在同一高度上，以减少干扰。

其三，从正屋二层楼面上晒台，高差仅1米多一点，

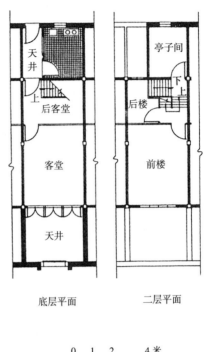

图6-3 单开间民居（建业东里）平面图

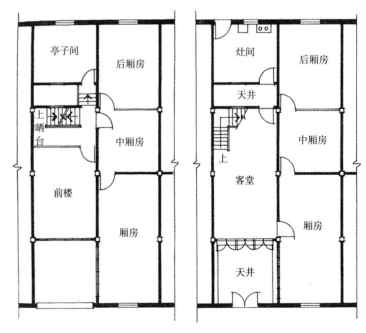

图6-4 二开间民居（会乐里）平面图

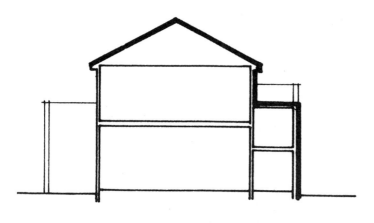

图6-5 后期石库门民居轮廓线示意图

安排楼梯非常方便。有些民居考虑到晒台上下次数不多，便把晒台楼梯做成活络式的。这种压缩附屋建筑层高，利用正屋楼梯中间平台出入的设计手法，在后来的各类民居中屡见不鲜。

附屋和正屋的镶接也有三种形式：

第一种，像早期石库门那样，附屋与正屋拉开 1.2 米左右的间隔，形成纵向后天井。附屋部分的亭子间、晒台的上下出入，要在后天井上设置天桥或踏步，与正屋的楼梯间联系起来，也有在后天井内另设露天钢筋混凝土小楼梯的（图6-6）。

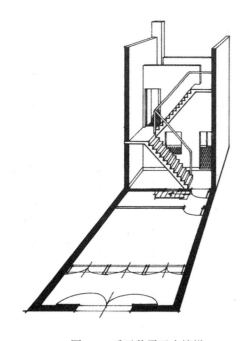

图6-6 后天井露天小楼梯

第二种，是附屋与正屋相连，附屋的宽度缩小 1.2 米左右，留作横向后天井，厨房、亭子间和晒台的面积因此而减小，后门开在后天井，贴邻房屋的后天井紧靠并列，中间为分户矮墙，上部为一统空间，既可解决辅助用房的采光通风，又能丰富背立面的外观（图6-7）。

有后天井的石库门民居，厨房都有一方室外空间，可以改善烟油气的散发，方便操作，并使正屋楼梯间能向后天井开窗，以改善采光通风。

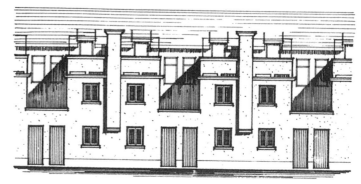

图6-7 后天井立面图

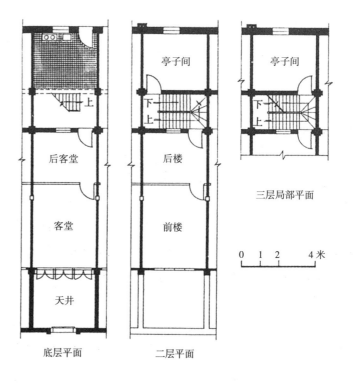

三层局部平面

0 1 2 4 米

底层平面　　二层平面

图6-8 建业西里平面图

第三种，是附屋与正屋连接起来，中间设置楼梯间，依靠楼梯间的天棚和高窗来解决附屋的通风，如建国西路建业西里即采用这种做法（图6-8）。

此外，还有一些民居不设后天井，也没有中间连接的楼梯间，只是将附屋紧靠正屋建造，造成厨房间与亭子间通风不佳，这样的衔接大多出现在广式石库门民居里，主要是受基地深度的限制，而又要追求建造面积的结果。

后期石库门里弄民居的单元规模，远较早期为小，它的用地面积、房屋面积均为早期的四分之一左右，但质量良好，气氛也较早期亲切，目前大部分仍在使用。后期石库门里弄民居，紧凑方便，造价较低，适应小型家庭需要。当时有大量人口涌入城市，因而建造量很大，上海解放时，几乎占全部住宅的一半。

（三）新式里弄民居

从石库门里弄民居发展到花园里弄民居之间，有一种中间形式，称为"接连式小花园洋房"，1949年以后改称"新式里弄"。它继承了石库门民居的某些传统做法，如正屋与附屋的层高差，封闭的或开口的后天井等；也渗入了许多西方建筑的设计手法，如小庭院、入口、门窗、楼梯等，每个单元都有卫生设备，一部分里弄还设有汽车间。

新式里弄民居大多数为三层，少数为二层，也有假三层，假四层的。它的开间有单开间、间半式（民间的俗称）及二开间三种，变化多，能适应不同人口家庭的需要。

新式里弄民居的开间和进深尺度：开间大致在3.6～4.8米之间，抗日战争后建造的更为宽阔，甚至有6米左右的；进深大约在10～14米之间，抗日战争后建造的都在8～12米之间。面宽阔、进深浅，固然有利于居室的采光通风，但用地不经济。

新里弄民居和石库门民居一样有前后天井。前天井深的在5米左右，浅的仅2米，多数是浅的。前天井与支弄间的分隔，一般用矮围墙或透空栏杆墙及竹篱笆等，较之石库门民居的高围墙更显得亲切近人。也有少数和广式石库门一样，不设前天井，民居入口直接贴邻支弄，这样，

用地虽稍节约，但干扰较大，效果欠佳。后天井都是水泥地，为民居后门通道，或者作为厨房的辅助场地。

新里弄民居与石库门民居的不同特点是新里弄民居多了一些设备。首先是卫生间，包括厕所盥洗、沐浴等设备，其配置标准则不尽相同。一般新里民居的卫生间安排为：底层小卫生一套，所谓小卫生是指装设面盆及冲水马桶两件，供来客及工友使用，也有的在后天井内，加设一只马桶，专供工友使用；二层大卫生一套，指卫生间内装设面盆、马桶、浴缸三件，供主人使用；三层小卫生一套，供子女及居住三层的亲友使用。此外，也有一些标准较低的新式里弄没有大卫生间，只在底层设一小套卫生设备，如延安中路930弄慈惠南里就是这样（图6-9）。其次是取暖设备及汽车间，标准较高的新里弄民居大多有取暖装置，作为热源的炉子，一般安置在厨房内或厨房附近，冷热水箱均架设在坡屋顶内。汽车间的设置，要视民居的开间而定，单开间不能设汽车间，间半式和二开间的也只有少数设有汽车间，在基地空余土地上另设若干汽车间供需要者使用的比较多。重庆南路205弄万宜坊（图6-10）、绍兴路36弄金谷村等都是这样。

现将新式里弄民居的单开间、间半式及双开间三种民居的情况，分别介绍如下：

1. 单开间新里弄民居的平面布局一般采用前、中、后三段组合。前、中段为正屋，大致层高底层为3.50米，二、三层为3.35米；屋顶大多是坡顶，极少数为平屋顶，有的利用坡顶空间增设假层，增加使用面积，假层高度约2.4米。后段为附屋，层数一般同正屋，少数高出正屋一层，附屋的层高较低，底层约为2.40米，二、三层为2.30米；屋顶都是平屋面，用作晒台。

单开间新里弄民居前段的房间朝向良好，底层作起居室、餐室，二、三层都作卧室。中段一般划成两部分，一部分为楼梯，设双跑或三跑梯段，楼梯平台的高程相当于附屋楼层的楼面，便于前后接通；另一部分为后天井和卫生间，后天井的功能主要是供后段房间采光通风，同时也能为厨房分担一些面积过小的不方便。后段的底层作厨房，二、三层作小卧室。延安中路的模范村的平面就是这样安

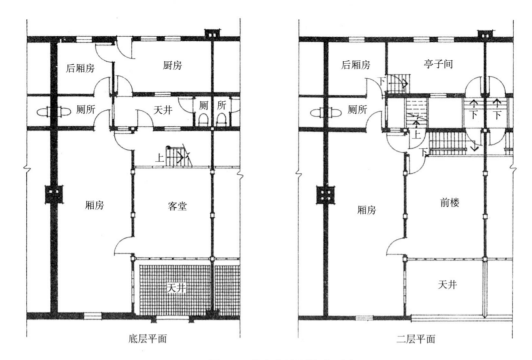

图6-9 慈惠南里民居平面图

图6-10 万宜坊总平面图

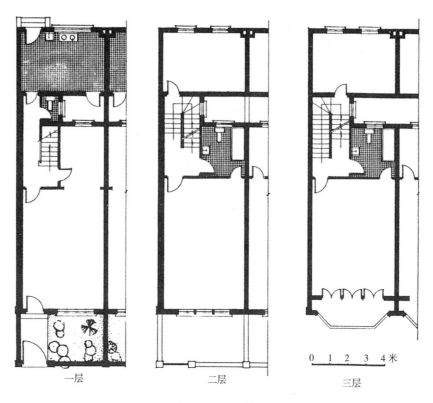

一层　　　　　　　二层　　　　　　　三层

0 1 2 3 4 米

图6-11　模范村民居平面图

排的（图6-11）。

2. 间半式新里弄民居是一个大开间，但分隔成一宽一狭两部分，狭的正好是宽的一半，因此称为间半式。宽的部分是主要房间，狭的部分是楼梯间；在前后组合上只有前后两段，前段为正屋，后段为附屋。

楼梯间底层前面为主要入口，正对入口为楼梯，穿过楼梯间可到后段的厨房与后天井。宽的一间前端与主要入口并列处为平台，平台后为起居室与餐室。二、三层前端都做凹阳台，后部为两间卧室。有些里弄因房屋深度太浅或因避免影响主要房间采光，而不设平台、阳台。后段附屋开间约为正屋宽度的一半，建在楼梯间的后面，另一半则作为后天井，附屋底层为厨房，与正屋餐室贴邻相连，且有门通向后天井，方便日常生活使用。附屋二、三层用作小卧室，平屋顶作为晒台。

间半式新里弄民居有三件设备的卫生间，绝大部分设在主要入口上面的二、三层楼，靠近卧室，使用方便。有些还在后天井内增设单件小卫生间，供来客及工友使用，并在厨房内设置狭小楼梯，直上附屋小卧室。如四川北路

2388弄新乐里（图6-12）等。

3. 二开间新里弄民居大致分为两种，一种是在二间一厢房石库门民居内添装卫生设备；另一种是受外来建筑影响的质量标准较高的民居建筑。

前者外观与石库门民居十分相似，当时有些人持有的观点是：赞成提高建筑功能，反对改变传统的平面和立面，因而出现了一种形似石库门民居的新式里弄民居。居室多，面积大，但形式陈旧，引不起人们的新鲜感觉，不到几年就不见继续了。这些民居多为二层，楼下为客堂、书房、餐室等，楼上也有三四个卧室，卫生间设在主要卧室的后侧，楼梯布置在中间后部，行走较石库门民居舒坦，厨房、工友卧室、车库等辅助用房均在后部。如延安中路414弄福明村（图6-13）等。

后者二开间宽度大的约8.0米，小的约7.2米，进深为9~12米，层高与单开间新里民居相似。一般分前后两段，前段为两个主要房间，后段的布置则随楼梯位置的变化而不同。楼梯布置在一侧的，在前后房间之间留出一条短内廊，用作楼梯与房间穿梭交通的缓冲地。建于1947年的

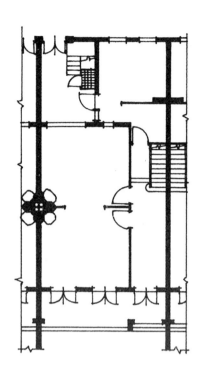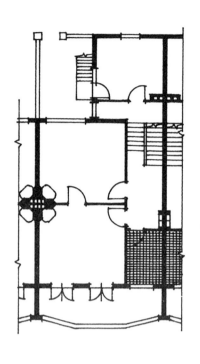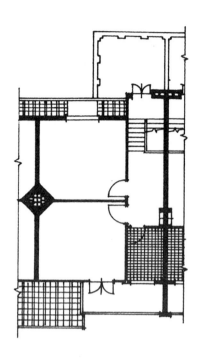

图6-12 新乐里民居平面图

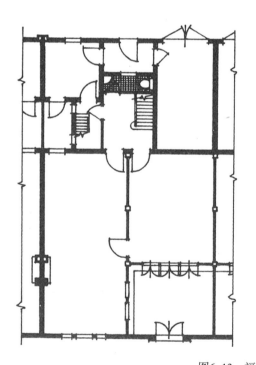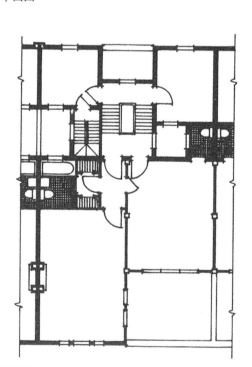

图6-13 福明村民居平面图

新华路73弄红庄就是这样布置的（图6-14）。楼梯布置在后段中间的，各房间环楼梯间出入，也可利用楼梯中间平台，在后部设计层高较低的小卧室，小卧室的平屋顶兼作晒台。

再有一些新式里弄民居在设计时潜伏有可变因素，需要时酌加修改，就可改变原来分隔，并不勉强。如建于1939年的长乐路613弄沪江别墅中间几个单元（图6-15），原设计一个单元为二开间三层楼，有大小八个房间，两间

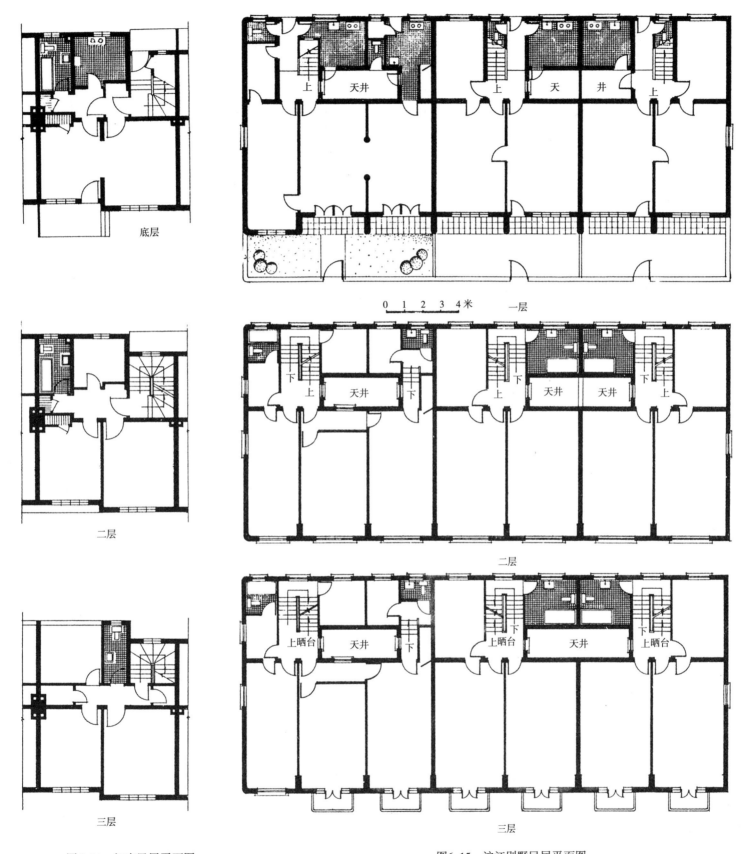

底层

二层

三层

图6-14　红庄民居平面图

上　天井　　　　上　　　天　　井　　　上

0 1 2 3 4米　　一层

下　　上　天井　下　　下　　上　天井　天井　下　　上

二层

上晒台　天井　下　　上晒台　下　　天井　　　下　上晒台

三层

图6-15　沪江别墅民居平面图

三间设备的卫生间，可以舒服地居住一户几代同堂的大家庭。如果把底层起居室壁橱改成楼梯间，在沿弄的天井增开大门，再将门窗设备作些调整，就可改成两个单开间三层楼新式里弄民居，可安排两户中上经济收入的家庭；又如上述的新华路红庄，原设计每个单元为一幢双开间三层楼新式里弄民居，只要稍加修改，就可成为每层一套三室户公寓，三层可以安排一般经济收入的三户家庭。

新式里弄民居的规模在早、后期石库门里弄民居之间，它的平面布局、功能分工明确，外观造型大多简洁明快，内部房间装修良好，设备较全，使用方便。主要适应当时中产阶层和高级职员的需要，由于它具有上述优点，所以目前仍为多数居民所欢迎。

（四）花园里弄民居

花园里弄民居早在 20 世纪初已经出现，如 1907 年建造的北京西路 707 弄和 1914 年建造的溧阳路 1156 弄都是那时较有代表性的花园里弄民居。当时的单元平面基本上是间半式的，它的平面布局和以后的新式里弄民居的间半式相比，极为相似。所不同的是花园里弄民居占地较大，为独立的和合式民居；而新式里弄民居为接连式的。花园里弄民居很重视壁炉的设置，不仅主要房间均有壁炉，连楼梯间也不例外，如此看重采暖，似为西方的生活习惯。这些花园里弄民居的开间，整间为 4.8 米左右，半间在 2.4 ~ 2.7 米之间；进深约 14 米。

20 世纪 30 年代前后，社会经济阶层的层次增多，花园民居要适应不同层次的需要，建筑标准也就高低不一。供一户家庭使用的单元规模，小的仅四五个主要房间，即起居室、餐室和两三个卧室，如永康路 175 弄丙型房屋（图 6-16）；大的有十几间主要房间，即起居室、餐室、书房和七八个卧室，如上方花园甲型住宅（图 6-17）。标准的高低也反映在辅助房间的配置上，一般的仅有一个厨房间，两个卫生间；标准高一些的，还配有备餐间、汽车间、保姆或工友卧室等。不同规模、不同标准的民居建筑，造成花园里弄民居各自间质与量的差异；再加上不同的设计手

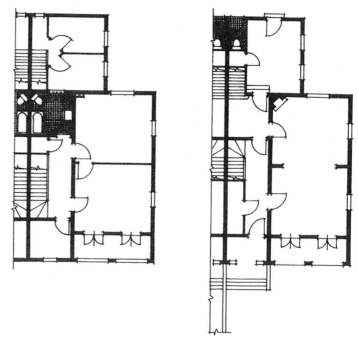

图6-16　永康路175弄丙型房屋平面图

法，又给花园里弄民居创造了式样形态多种变化的条件。

花园里弄民居体形的大小，是用层数的多少和开间、进深的尺度变化来控制的。大部分单元层数在三层以下，开间为两个开间。因为开间多，占地也多，还要增加走廊等交通面积，降低了平面使用系数，而两个开间只需设一短廊，就能使各房间联系方便；层数不超过三层，可使上下交通便捷。采用双跑对环楼梯，能使水平和垂直交通落在平面中心位置，既便于房间布置，又能提高使用面积，上述上方花园甲型住宅就是这样设计的，平面系数为 0.57，若扣除汽车间后，可达 0.60。

花园里弄民居的出入口，有三种功能要求。一是主出入口，要求能直接进入客厅，在会客和家宴时使用。二是次出入口，需要不经过起居室和餐室就能通往楼梯间和户内各室，作平时出入使用。三是厨房出入口，要求厨房物品、垃圾无需经过其他房间，而与户外道路直接相通。处理的设计手法有两种，一种是把主、次和厨房出入口分开设置，避免干扰，如富民路 210 弄民居（图 6-18）；另一种将主、次出入口都通向门厅，再由门厅分别进入客厅或

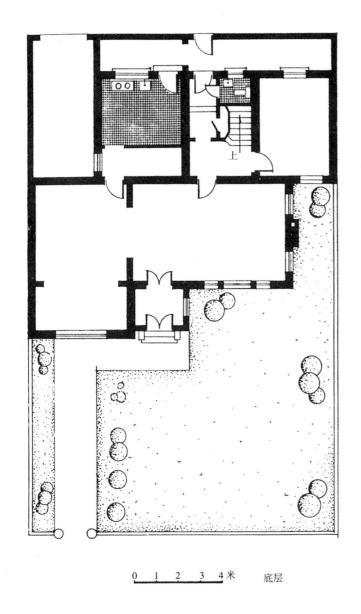

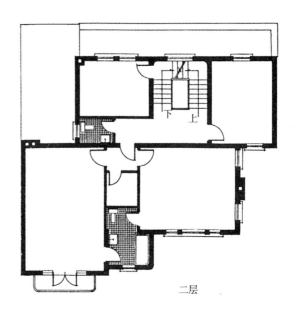

二层

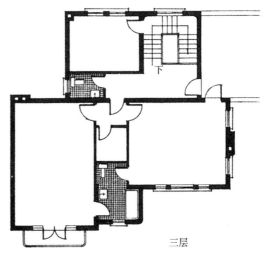

三层

0 1 2 3 4 米　底层

图6-17　上方花园甲型住宅平面图

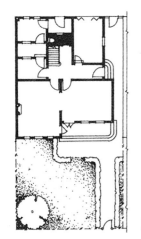

图6-18　富民路210弄民居平面图

上楼，而厨房出入口则另设他处，如永康路175弄丁形住宅（图6-19）。

花园里弄民居的平面凹凸多变，除了满足各房间的功能需要外，还与丰富花园景观、减少邻里干扰有关，如淮海中路上方花园甲、乙、丙、丁、戊型民居（图6-20），它的平面轮廓均在前面呈东南向倾斜的阶梯状，这样处理不仅能使相邻单元之间减少干扰，还能扩大视野，增添情趣，又如建国西路福履新村的子、丑、寅、卯等型民居（图6-21），在基地的位置布局上既前后相邻，又左右错开，

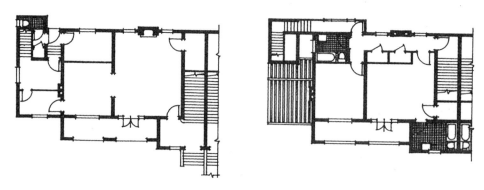

图6-19 永康路175弄丁形住宅平面图

图6-20 上方花园总平面图

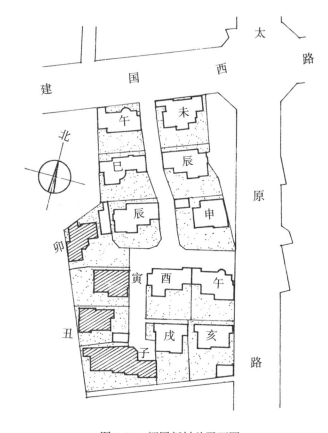

图6-21 福履新村总平面图

将各型民居正面轮廓线分别向东南和西南交叉倾斜，也收到了上述的效果。

　　早期的花园里弄民居，限于当时条件，大部分采用传统材料，如卵石外粉刷、清水墙、木门窗以及凸出的砖柱和砖拱等。加之平面布置比较单调，建筑体形的前后、上下、左右的尺度也较高大，屋面材料最早用瓦楞铁皮，后用机制平瓦，少数也有用小青瓦的。总之，年代久了，式样老了，就会给人以一种陈旧的感觉。20世纪30年代前建造的花

园里弄民居，则迥然不同，建筑造型丰富多彩，平面布置灵活多变，对门窗、阳台、铁栅花饰以及屋顶、出檐、烟囱等也精心设计，加上选用上等材料，质感和色彩变化繁多，给人以新颖、别致、明快的感觉。有些里弄则仿效国外的建筑风貌，如建国西路福履新村的西班牙式建筑，新华路211弄外国弄堂的英国式建筑等。

（五）公寓里弄民居

上海的公寓大致可分为四类：第一类为高层公寓，一般在七层以上，钢筋混凝土结构，组室很多，设有电梯，组室内装修精致，设备齐全，如淮海中路的武康大楼、北苏州路的河滨公寓等。第二类为小型的独立公寓，系利用良好地段的间隙空地，建造四层左右的独立公寓，混合结构，组室在10套左右，设备周全，安全舒适，如复兴中路的复兴公寓、永福路的良友公寓等。第三类为沿街道店铺上层的小公寓，如淮海中路的愉园公寓、永嘉路的西安公寓等，这些公寓与店铺合并建造，质量布局都比独立公寓差。第四类为公寓里弄，它是几个单元集合在一块基地上建造，属一个建筑群体，与其他三类的独立存在有明显不同，与目前建造的新住宅接近，质量较新住宅为优，基地较新住宅为小，我们称它为公寓里弄民居，既是公寓又是里弄民居。

公寓里弄民居在上述四类公寓中，数量最少，从其单元组合去找不同的特点，一般也有四种：

第一种为条状公寓里弄民居。其基本单元平面是四个开间，对环楼梯设在中间，一梯两户，每户两个开间，前后又分两段，共有四块部位，前面两块是主要房间，后面一块是次要房间，另一块是厨房、卫生间和保姆小卧室。分户门直接开在楼梯间内，它们常常由两个或三个单元组成连接体形成一长条，故称条状公寓。有一些除主楼梯外，尚有一部与主楼梯相隔离的便梯，平时为保姆使用，紧急时可作疏散用，如东长治路1047弄的茂海新村乙型（图6-22）等。

第二种为点状公寓里弄民居。它的布局和条状公寓基本相似，四个开间，一梯两户。点状公寓为三面开窗，不与其他民居连接建造，体形一般为正方形或接近正方形，故称点状公寓。它的进口及楼梯一般嵌在正屋的中部，不占南面朝向，辅助用房及它的入口和楼梯，设于正屋的后部，接近里弄，出入方便，如陕西南路的陕南村（图6-23）等。

第三种为蝴蝶型公寓里弄民居，这种民居的单元平面

图6-22 茂海新村乙型平面图

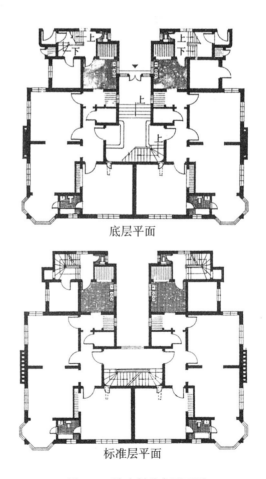

底层平面

标准层平面

图6-23 陕南村公寓平面图

基本也是四个开间，但进深加大，并在后部中间嵌入对环楼梯，形成东南、西、南、东北和西北四个部位，每户各占一角，形成一梯四户的梯间式民居，每户两间居室。北面两套加大宽度，可使每套有一间南向居室，争取良好的日照和通风条件。东南、东北的两套和西南、西北的两套，各自合用一部小楼梯。如建于1946年的永嘉路永嘉新村（图6-24）。

第四种为花园型公寓里弄民居。这是一种既具备公寓里弄民居特点，又占有较大花园绿化空间的高级里弄住宅，如淮海中路新康花园就是一例（图6-25）。它是二层建筑，底层和二层各为一套公寓，楼梯直达二层，为二层住户专用，可说是一梯一户。每套有四个主要房间，即起居室、餐室和两个卧室。每户有两间卫生间，均分别套在卧室内。底层一套有一个大平台，二层一套有一个大阳台，均面向花园。上下两套公寓的出入口，各占一面，互不干扰。每户都设有保姆卧室，两户保姆合用一个小卫生间，保姆卧室可通小楼梯，后门、小楼梯间和晒台相通。另在弄内设有汽车间。

上海里弄民居的建设，经历了将近一个世纪。由于社会经济与科技的发展，民居在规模、设计、结构、用料及设备等方面，也随着发生了非常显著的变化。上海里弄民居的外观各不相同，有乡土气浓的，也有外来风格的，有大宅院落的，也有小巧玲珑的，所有这些都是上海风貌的组成部分，也是上海人民的宝贵财富。由于种种原因，目前上海里弄民居在居住使用上大多已成为一个单元多户合用的状况了。在居室面积公用部位、厨房、厕所、设备管道等方面都有很大矛盾。居住其中的居民，要求改善这种局面的呼声是很高的。因此，既要保护上海里弄民居风貌，又要适当改建，提高使用功能，以适应现在的居住行为模式，这是一个值得很好研究的课题。

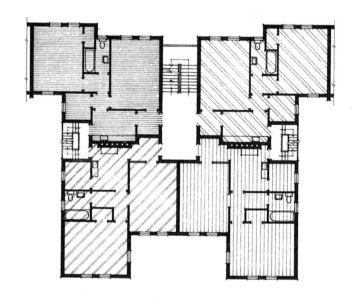

图6-24　永嘉新村公寓平面图

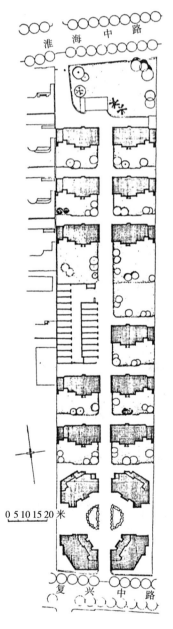

图6-25　新康花园总平面图

第七章
结构与材料

里弄民居的结构类型，大致分为砖木结构与混合结构两类，砖木结构中用砖的部位有承重墙、分隔墙、围护墙等；用木材的部位有立帖、搁栅、楼梯、桁条、椽子、阳台、裙板以及起连系、承重、支撑作用的穿枋、斜撑等。这种结构在早期石库门民居中被广泛应用。混合结构除具有上述砖木结构外，还有一定数量的钢筋混凝土构件穿插其中。新式里弄以上的民居结构类型，都属混合结构。

（一）早期石库门民居的结构特点

早期石库门民居都是二层楼房，采用接连成排的方式建造。单元结构为立帖承重，墙壁只是防风雨，挡火患，并作为居室左右内外的分隔。

目前，早期石库门民居的屋龄都在 70 年以上，限于当时条件，均未进行材性试验与结构计算，也没有施工规范，用料规格的大小，工程质量的好差，只是凭经验判断。当时建房的材料都由业主自办，为了使建筑物的耐用年限长一些，办料时对质量规格，总是偏于富裕；泥工、木作为了能承揽到下一次生意，对工程质量也能尽到应有的责任。早期石库门民居之所以至今仍能继续使用下去，这与当时建造者的上述心理作用是有关的。

现将早期石库门民居结构形式绘制如图 7-1 所示。并按基础、砖墙、立帖、木楼板、木楼梯、木屋顶等六个部分介绍如下：

1. 基础

早期石库门民居的基础，都是用碎砖灰浆三合土或清水碎砖作材料，极少数为条石基础。

碎砖灰浆三合土基础做法：将挖好的沟槽底面排夯平整；将拣净的直径不小于 5 厘米的碎砖倒在 1.2 米见方的拌板上，用木桶把配合好的 1：2 石灰沙泥与水淘成均匀的浓浆，再用木勺浇在碎砖上，边浇边拌，待碎砖沾满浆水后，下入沟槽；用 30 厘米见方，1.2 米高的杂木木夯上脚手架排夯，每次下 23 厘米，排夯至 15 厘米，分层排做至规定厚度；然后在面上浇注一层浓浆，并撒黄砂或煤屑填平空隙，再来回排夯几次，俗称打腰箍；待晾晒几个晴天，

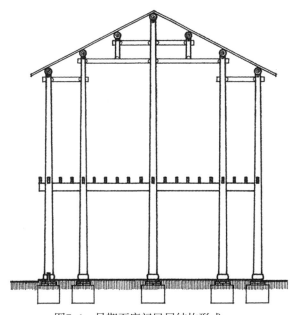

图7-1　早期石库门民居结构形式

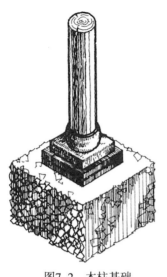
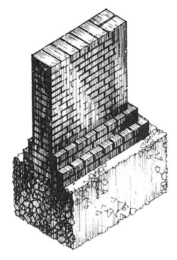
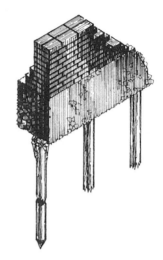

图7-2 木柱基础　　　　　　　图7-3 一砖墙条形基础　　　　　　图7-4 半边基础

即可在上面砌做墙脚或基础。

在一般情况下，木柱基础为75～90厘米见方，厚60厘米。基础上面做砖砌柱墩，墩上放置40厘米见方，10厘米厚的礩皮石，石面高程与地板面平，上置礩珠石露出地面，再立木柱（图7-2）。

一砖墙基础为条形，宽度在75～90厘米之间，厚60厘米。砖墙的大放脚砌于基础上，大放脚上面为一砖，底部为二砖，俗称"二砖摆脚"，适用于75厘米宽基础，如果基础宽度超过时，就要用二砖半或三砖摆脚。大放脚每砌二皮收1/4砖，二砖摆脚四收就到一砖墙墙身（图7-3）。

按照习惯，墙身的基础不能伸入他人地界内，当需要在地界边缘砌筑砖墙时，则此墙基应做单边基础。其做法：在砖墙中轴线下打 φ15厘米 ×3.60米杉木桩，中距为60～75厘米，上口用石片或碎砖填实塞紧，再做碎砖灰浆三合土基础，宽度一般不大于50厘米（图7-4）。有时因地基土质松软，或因墙基处在暗浜上，也用打木桩等办法，改善或提高地基承载能力。

有些荷载不大的一砖围护墙或半砖分隔墙，其碎砖灰浆三合土基础的厚度和宽度都比上述尺寸小，也有做清水碎砖基础或条石基础的。清水碎砖基础是在挖好的沟槽内，把敲成5厘米以上的碎砖倾入，每20厘米一皮碎砖，夯实至15厘米，墙身大放脚即砌筑其上。条石基础用40厘

米 ×15厘米 ×90～180厘米的条石衔接而成，做时先在沟槽内做一皮夯压坚实的垫层，上面安放条石，砌筑墙身。

2. 砖墙

早期石库门民居的砖墙，有一砖墙、半砖墙两种，一砖墙又分为空斗墙与实砌墙，初期两侧山墙和防火内墙都做一砖墙，所谓一砖墙，实际是楼面以下为实砌墙，楼面以上为空斗墙到顶；后期，规定防火墙都要一砖实砌到顶，并伸出屋面50厘米。

当时砖墙的布置有三间两大墙，即一幢三开间二厢房的两侧山墙和厢房山墙都是一砖墙；也有四间二大墙，即两个二间一厢房的两侧及厢房山墙为一砖墙，中间分户墙为半砖墙。

半砖分户墙及分间墙砌筑时，高度每超过1米处，要放置一道5厘米 ×10厘米木质压砖槛，两端削成圆口与木柱镶紧钉牢。墙身长度每超过1.5米时，还需在中间加设5厘米 ×10厘米小木柱一根，以增加其刚度。

前天井外围墙也是一砖墙，其高度与楼上前厢房窗盘高度相平，一般为5～6米。在石库门门框上口以下为实砌墙，以上为空斗墙。附屋的外围墙也是一砖墙，它的高度较附屋的一披水屋面屋脊略高，与前天井外围墙相等。分隔墙一般都是半砖墙。

墙是里弄民居的一个重要组成部分，它把一个或多个

接连的单元用一砖墙沿边缘环绕起来，结合内部立帖和分隔，构成一个能与水平推力相抗衡的整体，这在结构安全上是十分重要的。

砖墙所用砖块都属土窑砖，颜色有红有青，以青砖为多，常用的规格有足二五十砖、九五砖、八五砖，黄道砖等。砖前标出的数字，都指英寸，黄道砖为一种小型砖，只供低标准民居砌筑分间墙使用。

砖墙的砌法，有一皮顶砖，一皮走砖，俗称一顶一走式；有在一皮中，顶、走间隔砌筑，俗称砂包式。不论何种砌法，主要要求二皮之间不能对缝。砌筑清水墙的砖块，要挑选大小匀称，颜色一致，没有断头缺角的。墙身腰线、台口、窗盘、门窗头线等线脚，均需按施工详图由专门技工用铁刨刨出线脚后砌筑，俗称"刨砌"，意即先刨后砌。也有因墙面砌筑不够平整，用铁刨修正刨平的，俗称"砌刨"，意即先砌后刨。上刨的砖大多是九五砖。在一般民居中，仅在砌筑砖拱、线脚时用"刨砌"，而"砌刨"用得极少。

砌筑空斗墙有一斗一皮和二斗一皮的做法。前者先平砌一皮顶砖，内外侧砌两块侧砖，端头用侧砌顶砖封口，连续形成空斗，空斗上再平砌顶砖一皮，层层砌筑，即成一斗一皮的空斗墙，如在二斗间减少一皮平砌顶砖，即为二斗一皮的空斗墙。也有在空斗内填充一些碎砖泥砂，除了增加墙身自重以外，并无其他特殊意义。

砌墙的砂浆，在早期民居中都用烂泥石灰，通常的配比为1:8，即一份石灰，八份泥土，较高级的为1:5，这种砂浆强度很差，约相当于目前的4号砂浆。旧房砖墙质量不高，主要是砂浆强度太低的缘故。

早期民居中，还有几处与砖墙结构有关的构件，分别介绍如下：

（1）石库门 石库门为石库门民居的主要特征。它位于接连式民居每个单元中轴线的最前列，砌筑在高围墙中。实拼厚板做大门，花岗石或青石做门框，外框砖砌柱墩，上面做额坊字碑，也有用砂浆粉刷的，高大坚实，排列整齐，给人以深刻印象，到过上海的人，都知道有"石库门房子"之称。

石库门为双门扇，宽约1.55米，高约2.50米，用5厘米左右厚的木板实拼，门轴处一块木板较高，上下做木摇梗，插入预先凿好孔眼的过梁与石槛内，门漆黑色，钉虎头铜环。

石库门做法：先安放地面石槛，石槛宽约35厘米，厚约20厘米，长约2.40米，两端砌入墙基，使上口高出里弄路面3~5厘米。两侧石柱正面宽25厘米左右，侧面与墙身厚度相同，立在石槛上，上架石过梁，过梁与石槛同宽，两端伸入墙内。初期的过梁下口子角镶有雀替，雕有花饰，柱上也凿有线脚；中期为了节省投资，简化花饰线脚，取消了雀替，仅在过梁与石柱镶接处凿有圆口；后期过梁改用钢筋混凝土浇捣，石柱改用砖砌，粉做水刷石，外框砖砌柱墩，额坊字碑一概取消，仅保留石库门的形式。

（2）砖拱 在早期石库门民居中，门窗上口都用木过梁，即使上面砌有砖拱的，下面也有木过梁，一则多一层支撑，二则方形门窗做来方便，外观也还可以。此后，在西方建筑格调和施工工艺的影响下，当钢筋混凝土尚未大量应用的时候，民居建筑上的砖拱十分流行。比如里弄过街楼前沿墙下的跨弄拱圈（图7-5）及沿马路山墙侧窗上口的弧形拱圈（图7-6）等。砖拱施工复杂，不但选料严格，还要出详图，刨砖块，立模架，用满刀灰膏泥砌筑。砖拱有圆拱、弧拱、平拱、连拱等形式。

（3）护角石 成排民居尽端单元的外墙角，初期常砌有高1.2米，宽25厘米左右保护墙角的石块，多为花岗石或青石，俗称"护角石"（图7-7）。当初是为防止铁轮老虎车转弯时，铁轮损坏墙角而设的。这类车轮改进后，也就不再砌护角石了。目前在保存较好的早期石库门民居中，尚可找到残存的护角石。

（4）墙肩、桁枕、桁条垫头 当初规定，凡木搁栅、木桁条等都不得直接伸入防火墙墙身，可在墙身砌筑时，挑出10厘米作为墙肩，上放涂满柏油的统长沿游木支承搁栅（图7-8）。

桁枕，俗称桁条垫头，是早期民居中用以搁置桁条的（图7-9），主要作用也是不使桁条伸入防火墙，以防火灾蔓延。

图7-5 跨弄拱圈

图7-6 弧形拱圈

图7-7 护角石

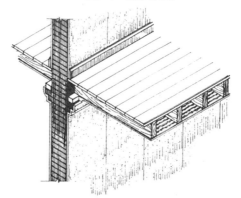

图7-8 墙肩

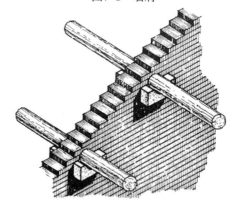

图7-9 桁条垫头

图7-10　砌在墙内的梁垫

另一种也称桁条垫头，是砌筑在墙内搁置桁条的构件（图7-10），它的作用是把桁条端头的集中荷载，通过垫头均衡分布在砖墙上。

上述二者名称类同，很易混淆，但作用不同，外形各异，前者主要用于高出屋面的防火墙，后者用于每排房屋的两侧山墙及不出顶的承重墙。

3. 立帖

早期石库门民居的屋顶、楼板的荷载，都由立帖承担。"立帖"为上海民间的俗称，有的地方称"梁架"或"穿斗"，指的是我国常用的一种传统木构架，它由木柱、矮筒及小梁构成。

立帖中，木柱直接承担桁条传来的屋顶荷载，但桁条均衡稠密，每根都由木柱支承，从结构要求来看，并无必要，何况落地木柱太多，也影响下层的空间利用，因而金柱以内的木柱，就可节省，改由矮筒承受桁条荷载，经小梁传递给木柱。楼板荷载的传递，更为简单，把楼搁栅搁置于楼板层的承重上，承重的两端伸入木柱，荷载就可通过木柱到达基础。

立帖木柱多数用圆杉木长梢做成，一般规格从木柱距下端2米处丈量直径为15～18厘米；也有少数用方柱，断面大致为15厘米×15厘米。矮筒、小梁都用杉木原料，规格与木柱相应，也有少数民居，小梁采用方料，大致断面为10厘米×20厘米。

石库门民居的开间，就是二榀立帖的间距，一般在3.6米到4.2米之间。三间二厢房的三个开间，可以相同，也可中间大一些，两边小一些；二间一厢房的开间一般都是相等的。前厢房的宽度，大多较正屋开间少60厘米，构造上在前廊柱边向60厘米处另立一根木柱，与前廊柱平行，两柱间装设单开窗扇，使正屋边间有直接的采光通风。这扇窗称虎口窗（图7-11）。也有少数里弄厢房间与正屋边间一样宽，不设虎口窗。

4. 木楼板

木楼板现称木楼盖，其结构由木楼板、木搁栅、木承重构成。木楼板为杉木板或松木板，厚2.5厘米以上，接口为高低缝或企口缝；木搁栅采用杉木圆筒，直径为15～20厘米，中距在60厘米左右；承重也称穿枋或进深大料，宽为10～13厘米，高为20～30厘米，用杉木或松木做成，当高度超过20厘米时，一般都用上下两根拼接而成。

木楼板做法：先在木柱上凿洞，将穿枋一端伸入木柱搁置或穿过木柱悬挑，上搁木搁栅，再铺木楼板。里弄中的沿街店面，为使顾客购物时不受日晒雨淋，都在楼上设置上有屋盖的木制挑出阳台。挑出深浅为75厘米左右，结构上要求加大前廊柱的直径或改为方柱，挑出穿枋的搁支点要求穿过前廊柱和金柱，搁在中柱上，断面也应加大以适应挑出阳台的荷载。木阳台的做法：在穿

图7-11　虎口窗

枋挑出部分搁置两根木搁栅，铺木楼板，靠外面一根搁栅称扑头搁栅，在扑头搁栅与穿枋交叉处立10厘米方木柱两根，支承上部屋盖，穿枋下装设木斜撑或花铁斜撑，阳台三面装设木栏杆或花铁栏杆，下端固定在木搁栅上，上面镶接在小木柱上（图7-12）。有些民居山墙面向主要街道，也有在楼上设阳台的处理手法，做法是将楼板木搁栅外伸60厘米，铺木楼板，立小木柱，装设木栏杆，上架小屋盖（图7-13）。

石库门里弄民居的正屋楼板，多数做有挑口（图7-14），挑出20～30厘米不等，以扩大居室面积，做法与挑出阳台相仿。有的在搁栅上不做栏杆，而做假墙或钉裙板，装设玻璃窗，上部屋面也相应挑出。

有些里弄为了利用空间，增加面积，在总弄或支弄两侧山墙间，按正屋深度加设楼层，俗称过街楼（图7-15）。楼下仍为通道。初期过街楼均为木楼板，前后墙砌筑在砖券上，屋面与正屋屋面一般齐。后来，为了防火要求，过

街楼楼板结构都改为钢筋混凝土。

民居附屋屋面一般都是向后天井倾斜的一披水瓦屋

图7-12　沿街木阳台

图7-13　山墙外挑木阳台

图7-14　内天井挑口

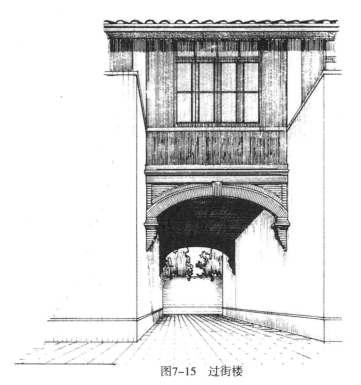

图7-15 过街楼

图7-16 木晒台

面，屋面上架有木晒台（图7-16），它的高程比正屋楼面略高。做法是将支持一披水屋面的四根木柱伸出屋面，在两侧前后柱间各设置木梁一根，上搁晒台木搁栅，铺镂空木板，在晒台四周装设木栏杆，柱顶设晒衣架，晒台与正屋之间，架设简易木楼梯。

5. 木楼梯

早期石库门里弄民居，每个单元都有一座木楼梯，宽度在75~90厘米之间。楼梯间布置在客堂的后面，宽约1.5~1.8米。楼梯间的一侧作为客堂到厨房的通道，另一侧要供三间二厢房后厢房的出路，因此，可供安装楼梯的空间是非常局促的。

楼梯的形式有单跑直上的、对环平行的、曲尺转弯的，以单跑直上的为多，坡度很陡，即使借助扇步，也在45°以上，行走不太方便。

75厘米宽楼梯的梯梁，一般用两根8厘米×15厘米的木梯梁，一端搁在地搁栅上，另一端搁在地板上立小木柱，架小梁，搁栅就搁在小梁上，楼梯踏步在17级左右，踏步板厚为3厘米。通往晒台的楼梯，一般只有数级，一端搁在晒台搁栅上，一端搁在正屋后檐墙上，外形简朴。当时认为卧室——又称内室需要隐蔽，楼梯仅是通往二层卧室的一条通道，不宜过于显眼。

6. 屋顶

屋顶由屋面、桁条、立帖组成。早期石库门民居的屋面覆盖材料都用黏土蝴蝶瓦，自重大，铺盖的倾斜度有一定限制，因而在西式平瓦出现后，蝴蝶瓦的市场就逐渐减少。屋顶的做法：在桁条上钉木椽子，上铺满堂望板砖，盖蝴蝶瓦。简单的则不铺望板砖，就在椽子上铺一层芦席，再铺瓦片；有的连芦席也不用，把瓦片直接搁在椽子上，这些做法俗称"冷摊瓦"。如果铺平瓦，再将望板砖改为2厘米厚的屋面板，上铺油毛毡一层，先钉斜坡方向的顺水条，再钉挂瓦条，俗称格椽，上挂平瓦即可。也有不用屋面板、油毛毡，将椽子直接钉在桁条上，上钉格椽，挂平瓦，这种做法也叫冷摊瓦。冷摊瓦容易漏水，不可取。椽子有方圆两种，通常椽子规格为6厘米×6厘米，圆椽子为φ8厘米木梢对开。椽子是承重构件，两端支承跨距一般为90厘米左右，二根椽子的间距约20~22厘米，刚好能放下一张底瓦。椽子钉在桁条上，桁条用杉木，直径15厘米左右，直接搁支在立帖木柱顶上或倭筒顶上，立帖为主要结构构件，前面已有详细叙述。

上海雨多风大，坡屋面都做出檐，只有很少包檐，出檐屋面的挑出部分俗称"檐口"，一般都用加长椽子的办法挑出，挑出长度在50厘米左右。

早期里弄民居的室内都有木龙骨悬吊粉刷平顶，后公共租界当局以所谓"在一切房屋内，应无鼠类藏身的空穴"为由，规定不允许做悬吊平顶，只可在椽子底钉板条，做粉刷斜平顶，这种平顶俗称"老鼠平顶"。

（二）后期石库门里弄民居的结构特点

后期石库门里弄民居的建造方式与结构部件和早期石库门里弄民居基本相仿，仅在房屋层数方面，出现了少量三层楼，但绝大部分还是二层楼。由于新材料的出现，使许多结构部件由早期的砖木结构变为混合结构，主要有下列几个方面：

1. 美松的倾销

美松俗称洋松，挺拔坚韧，规格大，价格廉，当时被用作填压轮船空仓的材料运来上海。大量进口和倾销后，国产木材被挤出了建筑市场。民居中的立贴构架、木柱、桁条、搁栅、椽子等主要结构材料，都逐步由杉木改为美松。再由于美松规格大，原用的立贴构架，被改变为豪氏桁架，木柱也随着减少。

2. 钢筋混凝土的流行

早期石库门里弄民居附屋的木晒台，在后期石库门民居中多改为钢筋混凝土楼板和晒台，一则防火，二则增加亭子间，扩大使用面积。墙上挑出的木阳台也改为钢筋混凝土阳台，安全、耐久。

3. 平瓦和水泥砂浆的推广

早期屋面覆盖都用蝴蝶瓦，后改用平瓦，重量轻，一般不受坡度限制。为此在结构上也相应有些变动，加密桁条间距，原来的椽子与望板砖，改用2厘米屋顶板、油毛毡，钉2厘米×3厘米格椽。为了提高砌体强度和房屋的整体稳定，将空斗墙改为实砌墙，砂浆也由过去的烂泥白灰改为1∶3石灰黄砂，相当于10号砂浆，对砌体强度要求高的都用1∶3水泥砂浆，相当于50号砂浆。

4. 混凝土基础的应用

基础方面大部分仍沿用碎砖灰浆三合土；个别采用钢筋混凝土柱子时，基础才采用钢筋混凝土，水泥、黄砂、石子的体积比用1∶2∶4。有时因地下水位较高，碎砖灰浆三合土不易固结，即改用水泥混凝土基础，配合体积比一般采用1∶3∶6。

（三）新式里弄民居结构特点

新式里弄民居是在后期石库门发展到一定程度时出现的。为了防水，在卫生间设置钢筋混凝土楼板，加上房屋层数的增加，假层的设置，因而在结构方面，较石库门民居复杂。仍分基础、砖墙、楼板、楼梯、屋顶五个部分介绍如下：

1. 基础

新式里弄民居的层数均不超过四层，基础材料仍以灰浆三合土为主，一则价廉，二则置备容易。当时在确定基础尺寸方面，已能运用工程力学进行计算。低洼积水地段采用混凝土，钢筋混凝土柱子下采用钢筋混凝土基础。

2. 砖墙

新式里弄民居的承重结构为墙体，这与石库门民居的立贴有很大不同。墙体是砖块与砂浆的结合，因此，新式里弄民居对砖墙用砖的要求较石库门民居为严格。一般都用机制砖，若用土窑砖时，则选用砖质良好、头角完整的；砌筑砂浆也由石灰泥土改为石灰砂浆。墙体厚度，二层以下的，承重墙和防火墙一般用一砖墙；三层的，底层为一砖半墙；四层的，底层、二层为一砖半墙，三、四层为一砖墙。承受集中荷载的独立砖墩，其断面不得小于一砖半见方，并须用水泥砂浆砌筑。户内的分隔墙，楼下用半砖墙，楼上除可以解决自承重的仍用半砖墙以外，都用灰板条或钢丝网板墙，粉刷水泥砂浆。

在新式里弄以上民居中，有些还依附墙体砌有壁炉，供室内取暖，砌筑位置在居室中间或转角处，突出墙面0.3米左右。炉口有大有小，一般为1.0米×0.7米，深为0.5米，周围用一砖墙砌筑，炉口下部与室内地坪相平，炉前0.5米范围的地面，镶砌石板或铺砖块。壁炉燃料用木材或煤炭，烟道大小视炉口大小和烟囱高低而定，每只壁炉只能有一支专用烟道直透天空。壁炉外壳做有装饰，炉前为家人亲朋聚谈的地方。改用热水、蒸气取暖以后，壁炉仍然存在，因为壁炉不仅有取暖功能，还是室内的一种装饰，生活中的一种情趣。

3. 楼板

室内及走道一般做木搁栅木楼板。搁栅大多搁置在两侧山墙上；有些开间大，进深浅的居室，则搁在前后纵墙上；也有因楼梯间开洞或卫生间楼板用钢筋混凝土等关系，少数搁栅一端搁在墙上，一端搁在梁上。

搁栅的中距一般在35～45厘米之间；断面大小，视跨距长短而定，一般用7.5厘米×20厘米，长的用5厘米×30厘米，在搁栅间加做3厘米×5厘米剪刀撑2～3道，以加强楼盖的整体性。楼板一般为2.5厘米×10厘米企口板，较好的用2.5厘米×5厘米狭条企口板，更好地在搁栅上钉2.5厘米×15厘米杉木毛板，上铺狭条拼花地板。当时租界当局规定，新式里弄类民居属于西式房屋，允许做平顶。因此在楼板下普遍做板条粉刷平顶。

早期新式里弄以上民居中，还有些卫生间、晒台等容易潮湿的处所不用钢筋混凝土板而用夹砂楼板。所谓夹砂楼板，就是用木搁栅支承水泥煤屑混凝土楼板。这是由于一则当时钢筋混凝土还不普遍，二则取其轻，再就是简化结构，便于施工。但木搁栅容易腐朽，安全耐久性很差。夹砂楼板的做法：将木搁栅上口削成尖形，中间两侧钉3厘米×8厘米小木条，上钉2.5厘米厚短木板，板上铺油毛毡，捣做1厘米厚水泥煤屑混凝土，干后粉刷2厘米厚

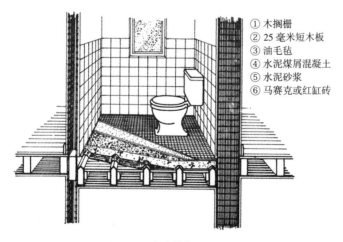

① 木搁栅
② 25毫米短木板
③ 油毛毡
④ 水泥煤屑混凝土
⑤ 水泥砂浆
⑥ 马赛克或红缸砖

图7-17　夹砂楼板

水泥砂浆，铺马赛克或红缸砖（图7-17）。

在弄口过街楼和楼上的卫生间、平台、挑出阳台、晒台以及楼下厨房、炉子间等处地板，都用钢筋混凝土，板厚不少于10厘米。

4. 楼梯

新式里弄民居的楼梯与石库门里弄民居的楼梯，在质量上有较大的出入。石库门民居楼梯大多在正屋后部，部位隐蔽，用料一般，坡度很陡，仅起上下交通作用。新式里弄民居的楼梯，多数设在显眼的部位，宽度较阔，坡度较缓，栏杆踏步装修精细，不仅供上下交通，还在室内起到装饰作用。

新式里弄民居的楼梯走向多种多样，常见的有直跑式，有双跑对环式，还有曲尺转弯式等。楼梯的宽度约1米左右，木梯梁尺寸一般为三根7.5厘米×20厘米，梯段的踏步宽25厘米左右，起步为17厘米左右，板厚3厘米，材料与楼板一致，栏杆与扶手都用硬木。有时因部位局促，也常借用扇步来调节坡度。有些新里弄民居在后部附屋内装设小便梯，宽度狭，坡度陡，质量比正屋楼梯差，大多为木制，也有钢筋混凝土的。

5. 屋顶

新式里弄民居的屋顶，绝大部分为坡屋顶，它的隔热、保温、防水性能都很好，适合上海多雨、冬冷、夏热的气候。当时的造价也较钢筋混凝土平屋顶为低，加之色泽鲜明，外观轻巧，具有美化环境、丰富街景的艺术效果，因而被广泛采用。

新式里弄民居坡屋顶的主要结构大多为木屋架，习惯上采用豪氏桁架。它在后期石库门民居中已有应用，不过当时制作不甚合理，在新式里弄民居中已有改善，用得较好。少数坡屋顶不用屋架，而用木椽子网架，但耗用木材较多，跨距也受到一定限制。

坡屋面的屋脊，用脊瓦覆盖，斜沟、天沟采用镀锌铁皮裁做，挑檐檐口借用屋架底梁挑出，搁桁条做檐口，这些都与后期石库门的做法类似。也有一些由于形式上的要求，做坐墙水落或包檐（图7-18）。坐墙水落是搬用西欧手法在檐口处粉刷做腰线，需将水落贴墙安设，因而称"坐

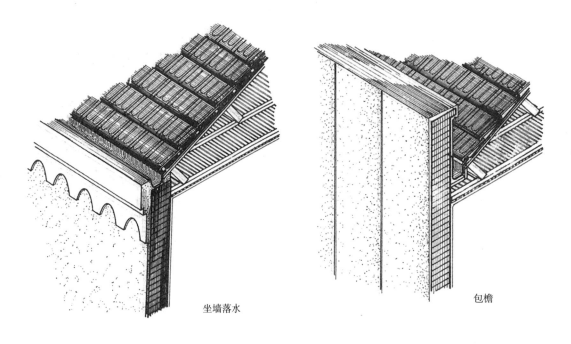

坐墙落水   包檐

图7-18 坐墙水落和包檐

墙水落"。这种做法容易产生水落锈漏，墙身进水，屋架头子霉烂等病害，在上海地区并不适用。包檐则是为模仿国外建筑形式，不考虑本身系木架坡顶，盲目采用天沟落水方式，也存在与坐墙水落同样的弊端，效果都不好。

也有少数采用平屋面的。做法有两种，一种是空心砖密肋钢筋混凝土平屋面；另一种是钢筋混凝土梁板平屋面。前者空心砖用30厘米×15厘米×30厘米，板厚20厘米（包括空心砖）；后者钢筋混凝土板至少厚10厘米。两种做法都需在钢筋混凝土平屋面上做二毡三油防水层。常熟路荣康别墅即为平屋面。

坡屋顶可以利用屋架的空隙部位构筑假层，以增加居室或供架设水箱之用。一般有三种做法；第一种是利用二榀屋架间的空间做居室，办法是将楼面搁栅直接搁在屋架下弦上，上面铺楼板，这种做法，屋架下弦杆的设计，要考虑承受假层搁栅荷载的因素，但造价便宜，施工方便。第二种是采用折坡式屋顶做假层，优点是可用面积大，缺点是造价高。第三种在木椽子网架内做阁楼，整体性强，构筑方便，但耗用材料多，价格也贵。后两种做法屋面坡度陡，平瓦瓦片很难铺盖，必须用铅丝穿扎背面预留的孔眼，挂在屋顶板的铁钉上，施工比较困难。

坡屋顶的下面多为板条粉刷平顶，平顶搁栅搁置在墙身或屋架下弦，一般断面为5厘米×10厘米，跨距大的桁条上钉搭悬吊木杆，控制挠度。钢筋混凝土平屋顶下的平顶，有二种做法，一种为悬吊平顶，用型钢作平顶搁栅，做钢丝网粉刷平顶或与坡屋顶下一样做板条粉刷平顶。另一种就是在钢筋混凝土平屋顶下直接做粉刷。前一种做法，屋面板与平顶之间有45～60厘米的空隙，这段空隙的墙面上设有通风洞，洞口做铁花栅板，既可通风隔热，又可防止鼠类侵入。后一种做法适用于空心砖密肋平屋顶，如用于梁板平屋顶，虽然造价低廉，施工简易，但隔热效果差，居室内夏季气温偏高，影响日常生活。

（四）花园里弄民居的结构特点

花园里弄民居除了用地宽、居室多、装修好、设备全以外，与新式里弄民居中的高档房屋几无区别，尤其在结构方面，可以说从基础至屋顶，完全相同。但有如下二个特点：（1）花园民居的平屋面中有很大一部分用红缸砖铺面，作为屋顶庭园，供游憩眺望，或堆积泥土栽种花草，在结构计算中均涉及这因素。（2）花园里弄民居都是三面临空，因此常采用开设角窗的手法，一则式样新颖视角宽广，二则采光、通风，也确较一面开窗为好。角窗上面的过梁一般有两种做法：一种是在转角处添设一根钢管或钢筋混凝土短柱，上置钢筋混凝土窗过梁，这是最普遍的做法；另一种是不用支柱，而在钢筋混凝土结构过梁的配筋中设法解决。

（五）公寓里弄民居的结构特点

公寓里弄民居多建造在 1930～1940 年左右，大部分在静安、徐汇、卢湾区，是里弄民居中最新的一类，也是建造数量最少的一类。在层数方面，从二层至五层都有。结构方面，三层以下都为混合结构，除设备、装修较讲究，楼梯为钢筋混凝土以外，基本上与新式里弄民居一样；四层以上大多是钢筋混凝土框架结构，一般不设电梯，有的在基础下还加打基桩。

四层以上公寓的底层墙身，大多为实砌机制红砖；二层以上的围护墙、分户墙，一般都用空心砖墙，一则取其轻，二则施工简易；户内分隔墙，有用空心砖的，也有用钢丝网板墙的，既轻又可防火。楼板、屋顶有二种做法，一种为钢筋混凝土密肋空心砖楼板，在板面上用沥青粘贴硬木拼花楼板，板底面直接做粉刷平顶；另一种是在现浇大梁、次梁、楼板的板面上浇捣 7.5 厘米厚的煤屑混凝土，埋入 5 厘米 ×7.5 厘米小搁栅，上铺 2.5 厘米杉木毛板，钉拼花楼板，或直接在搁栅上钉狭条楼板。在浇捣混凝土时还需预埋钢筋铁钩，留做装设平顶用。厨房、卫生间等处因有管道穿越，不能做密肋空心砖楼板，只需在煤屑混凝土楼面上用水泥砂浆粘贴马赛克或红缸砖即可。屋顶上做隔热层和防水层。

第八章
细部与装饰

上海里弄民居的建造，对总体布局、单元平面、结构构造、立面外观等都经过精心考虑；同时对建筑物细部和装饰的处理上，也十分注意。建筑上的细部一般是指木工的装修及其他工种中具有实用功能的小构件；装饰是指对房屋结构和构造既具有保护性，又有美化功能的表面处理。细部与装饰虽不是建筑的主体，但为完整的建筑所必需，也是人们在使用建筑物时最先看到和接触到的建造部件。

上海里弄民居的细部与装饰在处理手法上，有三个特点：第一，外来的比传统的多。上海里弄民居是在租界出现以后才有的，它来源于国内传统民居，但渗入了不少外来的观念和手法，这些观念和手法，经济实用，适应现代生活的需要，被广泛地接受和应用。第二，实用、适度。上海里弄民居规模大，出租的多，自用的少，在细部和装饰上，讲究实用、适度，不作过度的雕琢和修饰，以节省投资。第三，技艺精巧、花色繁多。上海里弄民居历史较长，建造集中，可供观摩借鉴的中、外传统经验比较多，加上我国匠师才智的发挥，不仅有所改革创新，而且技艺精良、花色繁多。

现将上海里弄民居中常见的一些细部与装饰按门窗、栏杆、壁橱、屋面与山尖、贴面与粉刷等五个方面，分别介绍如下：

（一）门窗

1.门

里弄民居的门从制作材料来分，可分为钢铁与木材二类，钢铁门仅用于里弄进出口的门和民居内部进出花园、阳台的门，其他均为木门。

（1）铁门　里弄铁门和花园铁门有用方（圆）钢、扁铁制作的，有用铁管、网片制作的，也有用型钢铁板制作的。除后者外，其他都很注意美观。里弄铁门和花园铁门的宽度，一般仅可容纳一辆机动车进出，高度则视过街楼

图8-1　带小门的里弄铁门

或砖圈或砖柱的高低而定。铁门与砖柱的联接，在门上装设铁圈，套在砖柱预埋的铁梗上，如铁门过宽，尚需在门下装设小轮，路面铺轨道板。有些大铁门启闭不便，就在大门上镶嵌一扇小门，平时只开小门供居民出入（图8-1）。大部分里弄铁门和花园铁门都采用精美的镂空花格图案制作，既使内外空间有所划分，又不阻挡视线互透，气氛上亲切随和，外观也很美好。也有部分铁门在花格背后加钉铁板，或纯为型钢铁板大门，对安全、保密有帮助，但内外隔断，距离拉远，对民居而言，不甚相宜。1958年这些里弄铁门绝大部分被拆去回炉，目前虽在陆续补装，但质量形式多不及原有的好。

新式里弄以上的民居中进出花园、阳台等处的门，大部分为玻璃门或半截玻璃门，在装设钢窗的居民中都用钢门，以求与钢窗统一，钢门的断面规格，较钢窗大一到二档。

（2）木门　木门的制作材料大致有杉木、美松和柳安三种。早期石库门里弄民居的门，初时都用杉木，后一些的用美松；后期石库门里弄民居都用美松；新式里弄以上的民居，一般为美松木门，好一点的用柳安木门。

木门的分类有胶合板门、玻璃门、浜子门、木框门和直拼门五类。胶合板门用作新里弄以上形式较新的民居室内门，它中间为木框，二面覆胶合板，特点是轻，但不及其他本门坚固耐久。玻璃门分落地玻璃门和半截玻璃门二种，一般用在民居的进口大门或阳台、平台门。浜子门可用于任何地方，主要用于室内门，这种门的冒头和门梃用水平或垂直出榫拼联，中间镶门心板，与上述玻璃门镶玻璃的做法相类似，也有在门心板上镶一块30厘米左右的矩形玻璃（图8-2），供隔门观察用。木框门是指我国传统民居所用的门，门梃冒头的规格都比较小，四角采用斜角拼接，正面镶木板，背面露出木框，一般用在早期石库门里弄民居。直拼门用5厘米×10～15厘米枋子拼接，中间用2～3档排销联接起来，一般用在大门、后门或车库门。此外，有些木门本身不能独立使用，仅为配合原设门的需要而附加上去的，成为一门二重装修。例如为防避蚊蝇加设的纱门；早期里弄民居居民为兼理商务或开设诊所等需要在门外加做的花格门（图8-3）；也有一些为了便于通风或遮挡视线而加设的矮挞门（图8-4）等。

2. 窗

里弄民居的窗一般为双扇平开窗，单扇的较少。窗的宽度和高度视需要而定，过高的都加腰头窗。窗的制作材

图8-2　镶小玻璃的浜子门

图8-3　花格门

图8-4　矮挞门

图8-5　百页窗

图8-6　简单铁窗栅

图8-7　花饰铁窗栅

料和门一样有钢、木二类。

　　在早、后期石库门里弄民居中都是木窗，用料多为杉木和美松。石库门民居中有一种称为落地长窗的，实际为六扇并列的半截玻璃门，是供人出进客堂的。

　　新式里弄以上民居的窗，大多为钢窗，少数为木窗，材质都是美松以上的木料；一般为双重，一重为窗本身，一重为纱窗，纱窗可以随时装、卸。在较旧的新式里弄或花园里弄中，有些窗外面还有一重百页窗（图8-5），用以调节光线、沟通气流，又不妨碍居室的安全保密。在较新的公寓里弄中，多不设百页窗而采用木片窗帘，俗称软百页，它是用优质木材制成0.3厘米×5厘米的木片，长度按照需要，用绳带联系，悬吊在窗帘箱内，可随意上拉下落，木片角度也可调节，作用与百页窗一样，只是更为轻巧灵活。

　　钢窗与木窗相比：钢窗价格较木窗为贵；透光和密闭性能较木窗为优，相同面积的窗，木窗透光量仅为钢窗的70%左右；钢窗容易锈蚀，厨房的钢窗更为明显，在重做油漆时，必须敲铲出白，伤工耗料；木窗油漆一次一般可用十年，钢窗只能维持五年左右。

　　沿弄沿街底层的窗户，大多装有铁窗栅，以策安全。在早、后期石库门里弄民居中的铁窗栅，着重功能而不尚美观，花式比较简单（图8-6），新里弄以上民居中的窗铁栅比较讲究，不仅能起防卫作用，而且也是很优美的外层装饰（图8-7）。

（二）栏杆

　　里弄民居中设置栏杆的部位有：①楼梯，②挑出阳台和半挑阳台，③外廊和楼板挑口，④晒台等处。设置的目的都是为了防止人身跌落和物件坠落，在修筑时十分重视栏杆的本身强度和刚度。

　　从用材上可把栏杆分为五类：①木栏杆，②铁栏杆，③钢筋混凝土栏杆，④砖石栏杆，⑤各种组合栏杆。

　　早、后期石库门里弄民居中的楼梯栏杆绝大部分为木栏杆，花式为直条形，扶手直接装在起步立柱和转角立柱上，质朴简单。阳台栏杆用料，随阳台的结构材料而定，钢筋混凝土阳台栏杆，都为钢筋混凝土和铁质，也有二者结合的组合栏杆（图8-8）；木阳台用木栏杆或铁木组合栏杆（图8-9）。外廊和楼板挑口栏杆，一般都是整间统长的，用料与阳台栏杆基本相同。沿街或沿总弄设置的阳台、沿街设置的外廊、在客堂间及厢房间上口的楼板挑口，它们

图8-9　木栏杆

图8-8　钢筋混凝土、铁质栏杆和混合栏杆

的栏杆都有一个出相的问题，一般均做得比较美观。在早期石库门里弄民居中，还有一些挑口栏杆保留着传统的花格，尽管油漆褪色剥落，但图案的秀丽和工艺的精巧仍隐约可见。晒台栏杆用材也随结构而定，木晒台都用木栏杆，钢筋混凝土晒台除木栏杆外都可以用，一般以砖砌栏杆与钢筋混凝土栏杆为多，晒台栏杆讲究实用，不尚美观，有的与晒衣架结合一起，使用很方便。

新式里弄以上民居的栏杆，在设置部位和用料上与石库门里弄民居并无不同，只是更加注意美观。这些栏杆的式样，绝大部分简洁明快，有横条形的，有竖条形的，有曲线形的，也有实腹板式的，结合建筑需要和材料特性参酌组合安置。其中精雕细刻或采用传统图案的极少，这也反映了里弄民居崇尚实用、美观、适度的特点。

（三）壁橱

壁橱是指利用墙身间的狭小空间，与墙体结合而成的落地橱柜，用以存放衣物。壁橱的平面尺度，视能够利用的部位而定，一般宽度为 1.20 米左右，厚度为 0.60 米左右，高度与门的上口拉平。橱内周围用胶合板或木板做墙壁贴面，也有利用墙壁粉刷不做贴面的。橱内设置有二种形式；一种设有搁板、挂衣架和鞋托，橱门与室内门一样，只是单面出相，门桄较薄；另一种设有抽斗和衣柜，不设门，前者适用于宽度较小的壁橱，后者适用于较宽的。壁橱可以二或三个拼联起来组成联接体；向前后或相邻的居室开门，也可向一个居室开门。还有一种是利用墙体厚度嵌设的壁龛，可存放图书或小物件，也可属于壁橱一类。而箱子间、小搁楼则不属于壁橱；至于卫生间的镜箱、厨房和备餐室的橱柜都是房屋建成后加装上去的，也不应作为壁橱。

早期、后期石库门里弄民居平面简单，除了楼梯下可以设置贮藏处外，可供利用作壁橱的部位不多，所以多不设壁橱。新式里弄以上民居，平面复杂，墙身纵横走势变化多，构成壁橱的机会也较多，再加上居民的需要，因而大部分单元都设有壁橱。

（四）屋面、山墙

1. 屋面

屋面主要是指屋顶的面层和基层，对屋顶基层的构造，前面已有介绍，这里专门介绍里弄民居屋面的材料、作用和外观。

随着基层的不同，屋面也分坡屋面与平屋面，为了不积水和易于落水，平屋面也需有一定坡度（也称泻水），一般说，坡度小于10度的称为平屋面，大于10度的称为坡屋面。

平屋面坡势平坦，屋面被挑檐或女儿墙所遮挡，路上行人看不见屋顶。坡屋面多为出檐，坡势陡，覆盖面积较建筑面积为大，瓦片又有色彩，屋面的起伏组合，结合山墙山尖，构成了里弄民居的上部轮廓线，所以屋面安排得妥帖与否，直接影响着里弄民居的外观。此外，屋顶的陡平，出檐的多少，瓦片的种类还涉及不同的建筑风格。

上海新式里弄以下民居中，绝大部分正屋屋面为前后两落水坡屋面，晒台为平屋面，也有正屋屋面采用四落水屋面的，如天目东路的均益里等，不过数量极少。前后厢房的小屋面，阁楼、假层的老虎窗屋面，以及新里弄中有

些凸出部分小屋面，一般均套接在正屋屋面上。有些新式里弄民居采用折坡式屋面的也是前后两落水，只是折坡的上、下二部分采用不同的坡度而已（图8-10）。

花园里弄民居及点状公寓民居的屋顶需要四面出相，如做坡屋面，要求外观上既要顺适，还要与墙体的凹凸和划分相对应，才能显出建筑物的完整和优美。陕西南路陕南村的屋面，较能体现出这一点（图8-11）。

图8-10　折坡式屋面

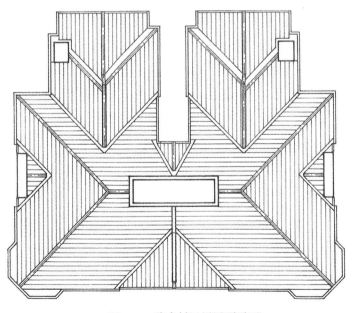

图8-11　陕南村民居屋顶平面

图8-12 西班牙瓦铺接方法及屋面全貌

上海里弄民居的屋面材料，都能符合以下四点要求：①有较好的防水性能；②能承受检修时的施工荷载；③便于运输和施工；④价格低廉。坡屋面常用的材料有黏土瓦和水泥瓦；平屋面常用防水砂浆粉面和沥青卷材铺盖。较好的平屋面为缸砖贴面，就是价格略贵。

常用黏土瓦有以下三种，均为黏土焙烧而成。

（1）蝴蝶瓦，也称小青瓦，它的尺寸大致为22厘米×22厘米×1.5厘米，习惯以每块的重量划分规格，共分18、20、22、24两（旧制称量，每500克为16两）四种。不分盖瓦、底瓦，铺盖方法一般为一张盖瓦搭着三张底瓦，俗称"一搭三"。

（2）黏土平瓦，有大小二种，大的40厘米×24厘米，小的36厘米×22厘米，上海里弄民居习惯上都用大的。平瓦形状比较复杂，底部前后都有爪，前爪搭在前面一张瓦片水槽上，可以略有进出，后爪有小孔，可以穿铅丝系在格椽铁钉上，也可用爪直接搁在格椽上，陡屋面用铅丝挂，较平的屋面就直接搁在格椽上。屋脊用脊瓦盖好，无沟、汛水都用镀锌白铁。

（3）西班牙瓦，在新里弄以上民居中用得较多，它是一种半圆形瓦片，两头尺寸不同，底瓦和盖瓦形式也不同（图8-12），底瓦大头直径16厘米，小头直径13厘米，接近大头处两边有缺口，供钩挂盖瓦，背面有瓦爪，可以挂在格椽上，瓦爪上有小孔，坡度陡时，可在格椽上钉钉，用铅丝挂瓦片。盖瓦大头12.5厘米，小头8.5厘米，小头封死。底瓦、盖瓦长度都为38厘米。铺盖时底瓦大头在上，挂在格椽上，盖瓦小头在上，钩在二张底瓦的缺口上。

常用的水泥瓦制品也有二种：

（1）水泥平瓦，式样规格与黏土平瓦一样

（2）鱼鳞瓦，是一种菱形瓦片（图8-13），以长对角线作为挂瓦时的纵轴线，纵轴的顶端背面有瓦爪，可以挂在格椽上。横向两端棱角短缺4厘米，供左右拼接；它的上部面上沿边有两条凸起楞线，下部背上也有两条，供瓦片相互搭接。瓦片本身厚约1.2厘米，中间部分加强略厚，防脚踩破裂。瓦片规格纵轴50厘米，短轴39厘米。铺盖时由下往上铺，檐口用半张瓦。天沟、斜沟、汛水等都用镀锌白铁皮，屋脊用一般脊瓦。

平屋面的几种做法与目前一样，防水砂浆主要用在晒台，沥青卷材用在不常上人的屋面，缸砖贴面用在较好房屋的平台上。

2. 山墙

山墙是指高出屋面的横墙顶部，它和屋面一样也是构成民居上部轮廓线的一个部分，当山墙面向总弄或街道时，一般都加以修饰以取得美观的效果。上海里弄民居对山墙

图8-13　鱼鳞瓦铺接方法及屋面全貌

的处理方式，一般有三种：第一种为防火墙做法，即将山墙高出屋面部分，随坡度的升高，做成尖角形，上口做压顶即成；第二种为悬山做法，即山墙本身不出顶，屋面盖过山墙并向总弄伸出 50～75 厘米；第三种为硬山做法，屋面盖住山墙不使升高，同时屋面本身也不伸过山墙。

上海里弄民居中用得最多的为第一种防火墙做法。因为土地紧张，总弄一般不会超出规定宽度，民居排列又大部分与总弄垂直，如果山墙上的屋面伸过总弄，总弄就要加大宽度，多用土地，所以多按防火墙做法办理。防火墙的修饰，除了山墙尖角形上做斜压顶以外，传统做法还有马头墙、观音兜、和尚头等。早期、后期石库门里弄民居经过多年来的整修，各种形式都已简化，绝大部分为尖顶山墙，仅在两端山跟部分按照马头墙翘角形式挑出、伸高、拉平、俗称"彩牌"（图 8-14）。也有在墙中左右 50 厘米处将山尖升高、拉平，上做水平压顶或弧形压顶，应是观音兜或和尚头的简化。在新里弄以上民居中，对出顶山墙的做法，有的采用踏步式山尖，如延庆路 51 弄（图 8-15）；有的将山墙的压顶做成优美的曲线形式（图 8-16）；也有的将山尖分段做成花式山尖面向街道（图 8-17）。第二种悬山做法在旧法租界内较多，如淮海中路淮海坊（图 8-18），它的总弄较宽采用悬山做法将屋面伸出山墙 60 厘

米左右，将山尖屋面倒去一角，使面向总弄的不是尖角而是一小块屋面，封檐板四周兜转，出檐平顶下饰以木牛腿，这样做法在旧法租界还可找出几处。第三种硬山做法较少，比较常见的为具有西班牙风格住宅的山尖，它用一张顶瓦将山墙边沿盖住收口，瓦不挑出，墙不出顶。

图8-14　彩牌

图8-15 踏步式山尖

图8-16 曲线形山墙

图8-17 花式山墙

图8-18 悬山山墙

（五）贴面与粉饰

上海里弄民居中的墙壁地面和平顶，如不是以木材为罩面的，都有贴面或粉饰来保护它们不受外界不利因素的侵蚀，并可使人对建筑物感到舒服和美观，还能提高建筑物的保温、隔声、防火、防潮的功能，是建筑物不可缺少的一项重要措施。

贴面和粉饰可以分为贴面工程、内粉刷、外粉刷三类。

贴面工程是指在地面、墙面上粘贴瓷砖、马赛克、面砖、缸砖、水泥花砖、预制水磨石等。内粉刷主要指纸筋石灰粉刷、石灰砂浆粉刷、水泥砂浆粉刷、现做水磨石等。外粉刷主要指室外的清水墙、石灰砂浆粉刷、水泥砂浆粉刷、拉毛水泥、斩假石、卵石墙面、木框墙面、现做水磨石、水刷石等。

上述工程中，粘贴瓷砖、马赛克、做清水墙、纸筋石灰粉刷、石灰砂浆粉刷、水泥砂浆粉刷、拉毛水泥、现做水磨石、水刷石等在工程中做得较多，不需介绍，仅将目前用得较少的面砖、缸砖、水泥花砖的粘贴和粉做弧形拉毛水泥、斩假石、卵石墙面、木框墙面等做法简要介绍如下：

1. 面砖墙面（图8-19）

面砖墙面为上海里弄民居中常见的一种外墙饰面，有光、毛二种，一般用毛面砖，大面积使用的较少，多用在窗间墙和门墩的贴面，或与其他粉刷镶嵌，主要是价格较贵。常用颜色多为棕色和灰色，规格为21.0厘米×6.5厘米×1.7厘米及10.5厘米×6.5厘米×1.7厘米，还有供转角使用的角砖。

粘贴面砖要先将基层墙面的凹凸不平处用水泥砂浆刮平，干后用水浇湿，做7毫米1∶3水混砂浆打底，出柱头，用墨斗弹线分格，结合门窗的尺寸，计算面砖的皮数、块数和横缝宽度，粘贴时将面砖浸湿，在背面满涂混合砂浆（水泥砂浆内掺入适量纸筋石灰），贴后轻轻敲击掀实，灰缝分格用的小木条于次日取出，洗净重用。一个流水段结束后即用1∶1水泥砂浆勾缝，全部完工后用清水清洗表面。

光面砖大多是米色的，内、外墙面均有使用，规格及粘贴工艺与毛面砖基本相同，操作时更注意保持表面清洁。

2. 缸砖地面

缸砖规格为10厘米×10厘米×1厘米，棕色，一般用在新里弄以上民居的厨房、备餐室以及屋顶平台地面。做时先将基层地洗刷干净，刷一道素水泥浆，空出汛水，用1∶3水泥砂浆打底，厚度根据汛水标高，扣除一块缸砖厚度，刮平拍实。铺贴前将缸砖浸湿，并在刮平的底子上撒一层干水泥，缸砖反面涂抹2毫米水泥浆，从房间中央向两侧粘贴，随贴随用小木铲柄轻轻敲实，再用木拍板遍拍一次，将砖缝修正取直，并将表面的砂浆揩净。

3. 水泥花砖地面

水泥花砖是用白水泥或普通水泥掺以各色颜料，经机械拌合、机压成型，充分养护而成，规格为20厘米×20厘米×1.5厘米，花色很多，过去采用的色调，大部分偏于灰暗。水泥花砖主要用在新里弄以下民居的客堂地面和前廊檐地面，它的铺贴工艺与缸砖地面基本相同。

4. 弧形拉毛水泥粉刷（图8-20）

这种外粉刷在新式里弄以上民居中出现较多。打底和一般拉毛水泥粉刷相同，待有五、六成干时，刷一度素水泥浆，做1∶1.5水泥砂浆罩面层，厚1.2厘米，用的砂子

图8-19 面砖墙面

图8-20 弧形拉毛水泥墙面

要过筛,直径不能超过1.5毫米。当罩面层有六、七成干时,用铁皮划板在罩面层上随意划弧形花纹,大小在20~30厘米之间,圆弧要和顺,间距要适当,操作时一人罩面,一人划纹。这种粉刷也有做在室内墙面的,但材料、工种完全不同,是用猪血老粉由油漆工粉做的。

5. 斩假石

斩假石是在水泥砂浆粉刷的表面上,加工纹理,使具有石材质感的一种工艺。着手前和其他水泥砂浆外粉刷一样,出柱头,1:3水泥砂浆打底,养护二、三天,刷一层素水泥浆,罩1.2厘米厚1:3水泥白石子面层,然后浇水养护并防烈日直晒,有六、七成干时,即可用斧斩剁,斩时斧锋宜略偏,用力不宜太猛,方向要一致,斩纹要均匀,在棱角或分格边缘1.5~2.0厘米处,无须斩毛或按纹理相反方向斩剁。

6. 卵石粉刷墙面

卵石粉刷墙面做法接近目前的干粘石,只是罩面层材料不同,干粘石罩面是用水泥砂浆做的,因石子小,罩面层也较薄,卵石粉刷墙面的罩面层是用泥纸筋做的,泥纸筋为优质纸筋石灰掺入适量黏土,罩面厚度需3~4厘米。操作时将卵石洗净放入竹箕内,当罩面的泥纸筋相当润湿,用手指轻轻一掀,存有明显凹印时,即可用双手捧起卵石向墙面捧甩,一人在前面甩,一人跟着用木拍板拍击,卵石的二分之一要嵌入泥纸筋内,遇有空隙要补甩或补嵌,要求墙面填满卵石为止。操作时二人一组,分块进行,分块面积不宜大于2平方米。

7. 木框墙面（图8-21）

木框墙面是仿照的英国民居风格,一般用在山墙山尖及墙身的楼上部分。里弄民居中花园里弄民居用得较

图8-21 木框墙面

多。它的做法是先按设计图纸的规定,将4~6厘米厚的美松锯割成型,无须刨光,然后用ϕ12毫米的螺栓将枋子按要求装在砖墙上,锯去螺栓头,嵌平孔眼。木框之间的墙面,用水泥砂浆打底,粉做纸筋石灰,木框本身刷固木油二度即成。木框墙面也有做在室内作为内墙面装饰的,框材可用木材,也可用木纹石膏板,一般用在室内墙面的都是木材,而且要刨光,装在平顶上装饰大梁的,都用木纹石膏板,木材和石膏板都要罩上油漆,颜色多为黑色。

第九章

实　例

（四十二例）

（一）早期石库门里弄民居

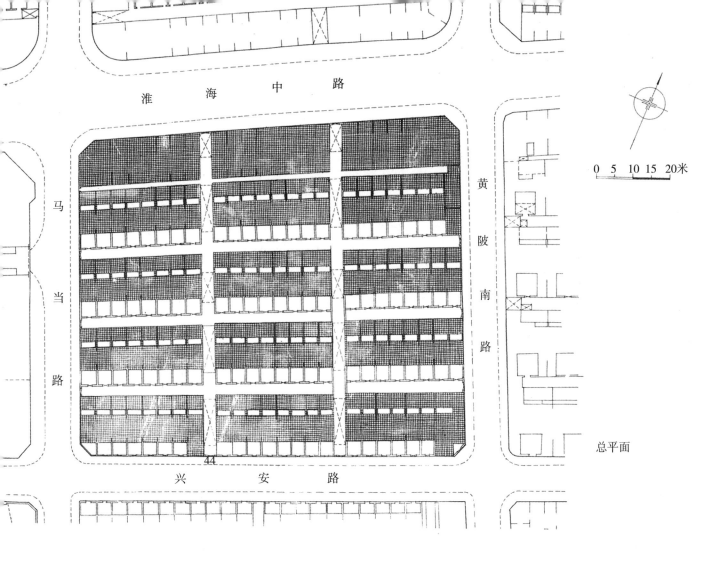

淮　海　中　路

马

当

路

黄

陂

南

路

44

兴　安　路

0　5　10 15 20米

总平面

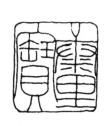

1. 宝康里——淮海中路 315 弄

　　宝康里位于淮海中路、黄陂南路、兴安路、马当路之间，用地 0.94公顷，占用整个街坊，建有单开间房屋 120 个单元，合计建筑面积18862 平方米。1904 年由法国天主教会投资建造，取名宝康里。

　　该处为单开间石库门民居，沿淮海中路底层全部为店铺。按分类规定应属后期石库门民居，但宝康里的建造年代较一般后期石库门提前十年左右，是一个超前的例子。从设计手法来看，大体与后期石库门相似，如石库门高围墙，前天井，客堂间落地长窗，前楼楼板悬挑，前后部间用天井分割等都是后期石库门常用的，但它前后部楼板面

石库门

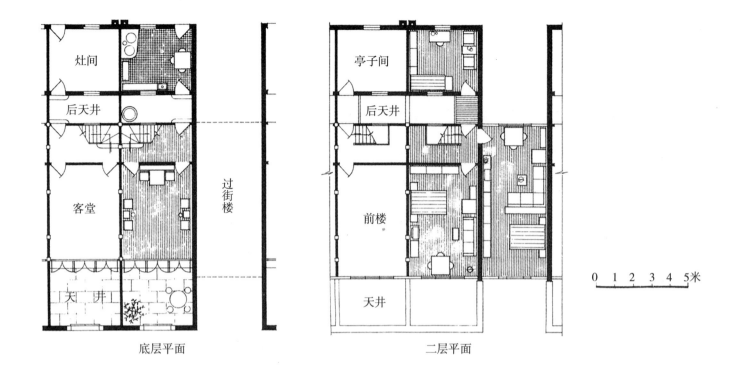

灶间

后天井

客堂

天　井

过街楼

底层平面

亭子间

后天井

前楼

天井

0　1　2　3　4　5米

二层平面

水平相同，没有高低差、不设晒台，装修花饰袭用西洋图案较多，都与一般后期石库门不同。看来，这是后期石库门民居在酝酿过程中的一种尝试。

马当路街景

2. 公顺里——广东路 300 弄

河
南
中

路

广 300 286 东 路

总平面

0 5 10 15 20米

裙板花饰

公顺里坐落在广东路 280～304 号，占地 0.38 公顷，单面临街，仅后弄有门能穿过昭通路 17 弄 10 号民居，与河南中路相通。全弄建有三开间民居 10 个单元、双开间民居 7 个单元、单开间民居 5 个单元，沿广东路街面有底层店铺二楼民居 13 个单元，其中二个为过街楼，合计 35 个单元，实计建筑面积为 5164 平方米，归类属早期石库门里弄民居。

公顺里建造年代很早，在 1876 年《沪游杂记》附图上已有记载，确切年份不详，该处 1950 年由政府接管，因房屋破旧，于 1953 年大修。据云：沿街部分增加翻建，还将后部拆除，辟为支弄；弄内房屋也经大修，但改动不大，仅将原有木晒台改为钢筋混凝土晒台，其余为一般修理。该处三开间、双开间房屋的平面布局与同类型其他房屋相似，仅弄内 17 号一幢为利用土地，建成东西向前后二进的石库门里弄房屋。单开间房屋经过拆改大部分无附屋，厨房做在正屋的底层，这是与一般单开间不同的地方。

二层平面

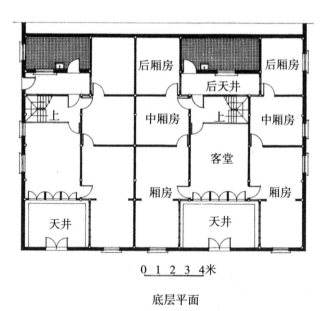

0 1 2 3 4 米

底层平面

三开间双开间平面

河南中路271弄入口

3. 兆福里——汉口路271弄

兆福里在汉口路与河南中路转角处，总弄进口为汉口路271弄，支弄进口为河南中路271弄，占地0.43公顷，1914年建有沿街底层店铺二楼民居24个单元，其中二个为过街楼，弄内有里弄民居三开间二厢房单元9个，五开间二厢房单元3个，所有房屋都是砖木结构二层楼早期石库门里弄民居。

兆福里是早期石库门多开间民居较典型的房屋之一。它里弄狭窄，天井宽阔，房屋高大，用料粗壮，天井场地及厢房间楼下矮墙，都用红色

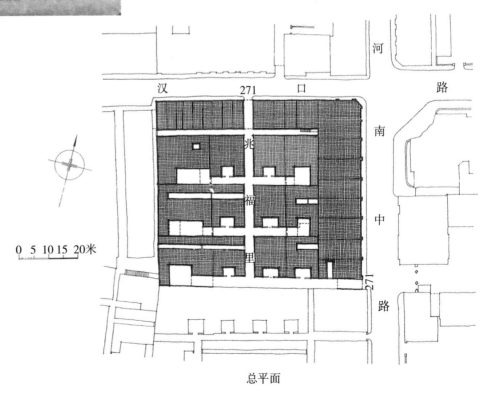

0 5 10 15 20米

总平面

或青色石灰岩、沙岩石料制作，正屋后有狭长小天井，厨房上有木晒台，山墙出顶采用排风墙形式。尽管目前有些已被搭没，有些已被拆除，有些已在修理时被修改，但从总的格局看，早期石库门里弄民居的气氛还是较浓的。1987年房屋经过大修，破漏情况有所改进，居民意见不多。

石库门

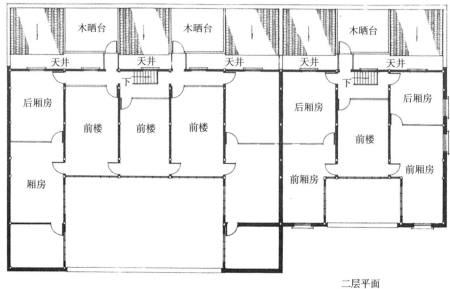

二层平面

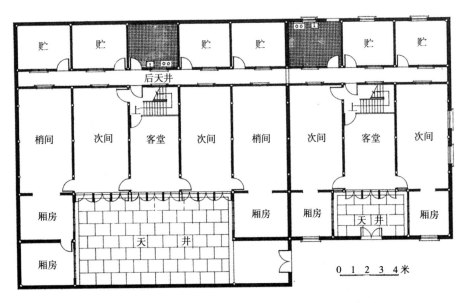

0 1 2 3 4米

底层平面

4. 洪德里——浙江中路 607 弄

洪德里坐落在厦门路、浙江中路转角，总弄为厦门路 137 弄，支弄为浙江中路 599 弄和 609 弄，占地面积为 0.43 公顷，1907 年建有沿街店铺楼上民居 37 个单元，沿厦门路有 21 个，沿浙江中路有 16 个，弄内民居有 20 个单元，三开间一进民居七个单元，三开间二进民居 1 个单元，二开间民居 12 个单元。以上房屋中沿厦门路一排店面 21 个单元及厦门路、浙江中路转角三个店面已被拆除，改建为五层楼房住宅。

洪德里为砖木结构二层楼房，属早期石库门里弄民居，它的沿街店铺房屋与上海的一般二层店铺极为相似，除已拆除者外，尚留有浙江中路一排 13 个单元，这排房屋缺少屋后出口，对消防安全有影响。弄内民居大部分已十分陈旧，其中一幢三开间二进民居，估计为原业主自住，所有开间、进深、装修等均较其他民居为优、为大，虽经多次改动、大修，但有些细部尚留有点滴残迹，可看出清末时期国人对较好民居的建筑要求和施工水平。

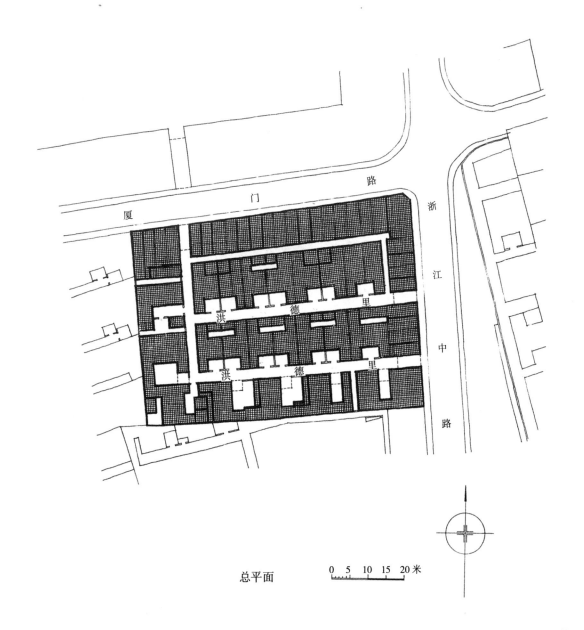

总平面

0　5　10　15　20 米

山墙外观

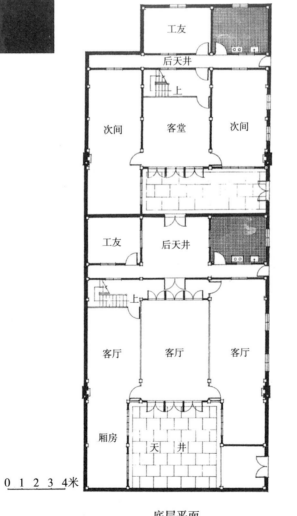

工友	
后天井	

次间　客堂　次间

上

工友　后天井

客厅　客厅　客厅

上

厢房

天　井

0 1 2 3 4米

底层平面

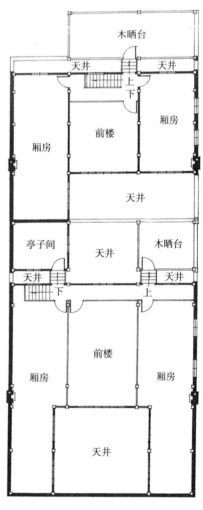

木晒台

天井　天井

上
下

厢房　前楼　厢房

天井

亭子间　天井　木晒台

天井　天井

下　上

厢房　前楼　厢房

天井

二层平面

（二）后期石库门里弄民居

山墙外观

5. 建业里——建国西路 410 ～ 494 弄

建业里位于建国西路岳阳路转角处，为二层混合结构楼房，占地 1.8 公顷，建有民居 254 个单元，实计建筑面积 20400 平方米，属后期石库门民居。由法商中国建业地产公司投资于 1930 年建造，取名建业里。1955 年接管后仍用原名。

该处分东、中、西三块，东、中二块单元的厨房，均为横天井，二层亭子间，沿建国西路设有店铺，中部不仅沿路设店，弄内也有二排店铺，店铺间有步行空地，商业网点集中，生活服务设施齐全，是该弄的一大特点。西块全属住房，不设店铺，正屋二层，厨房三层，正屋与厨房间有 1.8 米宽扶梯间，上有一披水斜面屋顶，下设高窗，供扶梯间采光通风。东西二块支弄间还留有小量隙地，可供居民活动。

该处建造年代不算太久，但有些做法，悉按陈规，如每排房屋都设有护角石；支弄与总弄口衔接处用砥券形式；西块民居二侧山墙山尖用马头山墙等等，在后期石库门民居中比较少见。

建业东里石库门

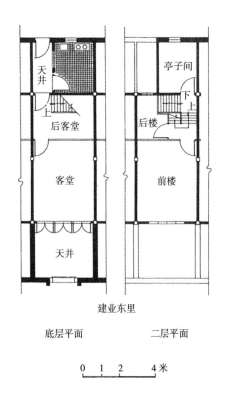

建业东里

底层平面   二层平面

0　1　2　　4米

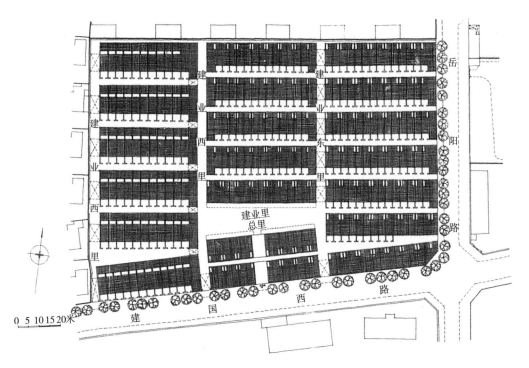

总平面

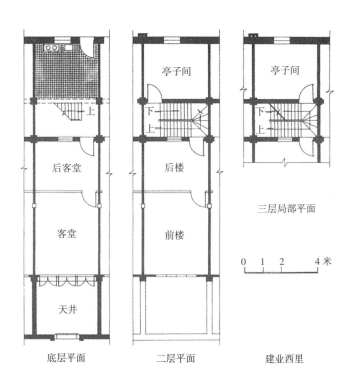

底层平面　　　二层平面　　　建业西里

三层局部平面

0　1　2　　4米

总弄进口及过街楼

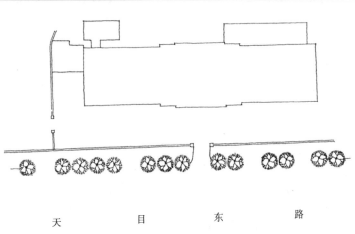

天　目　东　路

均

益

里

366

庆　路

安

0　5　10　15　20米

总平面

6．均益里——安庆路366弄

均益里坐落在天目东路与安庆路之间，北口为天目东路85弄，南口为安庆路366弄，全部基地0.81公顷，建有后期石库门里弄民居63个单元，其中单开间民居8个单元，双开间民居38个单元，三开间民居5个单元，南北沿街店铺12个单元，合计建筑面积12385平方米。1929年建造，原为张鸿坤产业，1956年由政府接管。

该处为混合结构二层楼楼房，立帖住宅，二砖防火墙，四坡水平瓦屋面，水泥地，木楼板，木门窗，墙面水泥拉毛粉刷，镶嵌红砖线脚，总弄两侧山墙二楼设有钢筋混凝土阳台，质量较一般后期石库门为好，形象也与一般后期石库门不同，在闸北地区属于较好房屋。

因均益里地处北站闹区，总弄又是天目、安庆二路的过境通道，不少房屋被工商企业占用，人烟稠密，吵声喧杂，作为民居来讲，不太适宜，最近新客站开放，北站关闭，今后这些现象，当能逐步改善。

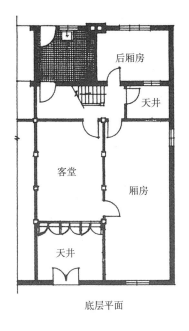

后厢房

天井

客堂　厢房

天井

底层平面

0 1 2 3 4 米

亭子间　后厢房

上晒台　天井

前楼　厢房

二层平面

双开间平面

正面外观

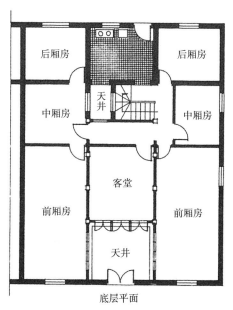

后厢房　后厢房

天井

中厢房　中厢房

客堂

前厢房　前厢房

天井

底层平面

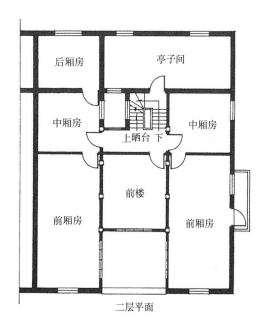

后厢房　亭子间

中厢房　中厢房

上晒台　下

前楼

前厢房　前厢房

二层平面

三开间平面

0 1 2 3 4 5 米

弄口外观

7. 会乐里——福州路726弄

会乐里坐落在福州路726弄，靠近西藏中路，是闹市中段，坐北朝南，占地0.8公顷，1924年由刘姓业主将原来会乐里翻建成目前式样，弄名沿用会乐里原名。该处建有沿街店铺二楼民居房屋46个单元，弄内一般民居28个单元，其中三开间单元16个，双开间单元12个，全部74个单元，实计建筑面积14000平方米，为后期石库门里弄民居。

会乐里沿街建筑大部分为单开间单元，沿街有挑出木阳台，后为亭子间及晒台，外观与上海一般沿街店铺相似。弄内布局中间为南北总弄，东西对称各有四条支弄，支弄口筑券，上有"东一弄""西一弄"等名称，28个单元民居按四条支弄分东三、西四排列。总弄两侧的单元，沿总弄一侧都设钢筋混凝土挑出阳台。基地后部与老会乐里沟通。民居正屋前厢房与中厢房宽度一致，不设虎口窗，后厢房直达后弄，附屋小天井后为厨房，上有亭子间，再上为晒台，室内装修为美松，中间客厅地面为水泥花砖铺设。

1949年前会乐里弄内，除25号为乾元中药铺外，其余都是妓院。沿街46个单元店铺中有不少是为了配合妓院的需要而开设的，弄内更是为配合妓院需要而将房屋拆改、搭建，后天井已被全部搭没，供移挪扶梯，以扩展客厅面积，后厢房、晒台上也都建有违章建筑。1949年后经过整顿，该处已改为居民区，并经多次修理，终因损伤过甚，有些地方仍有陈旧破漏现象，个别居民还有一些意见。

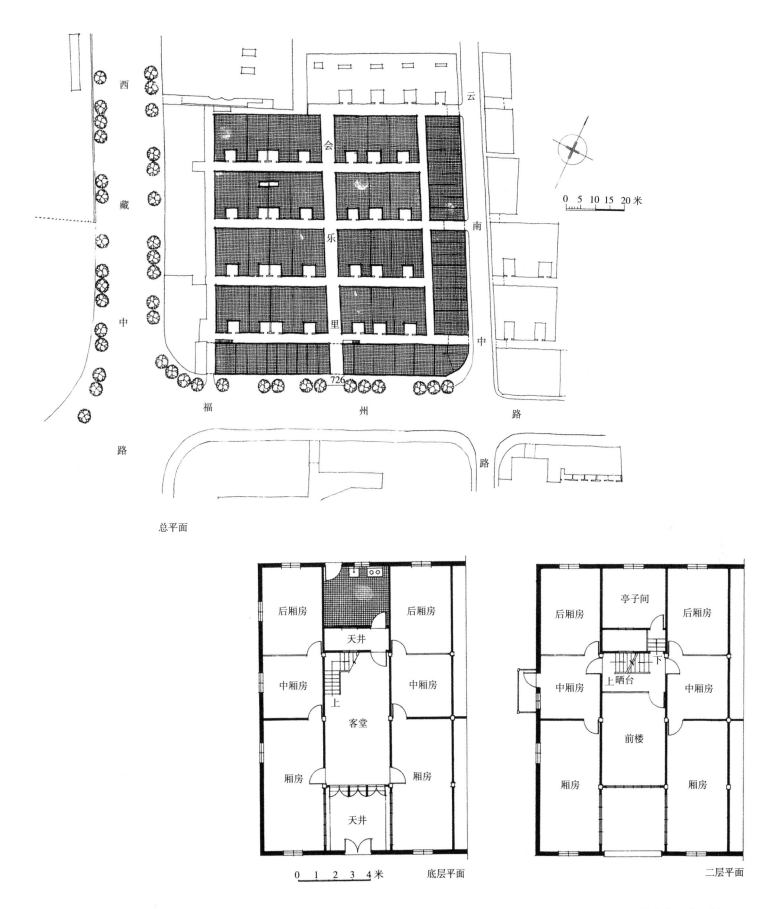

总平面

西 藏 中 路

会 乐 里

云 南 中 路

福 州 路

726

0 5 10 15 20 米

后厢房　后厢房

天井

中厢房　中厢房

上

客堂

厢房　厢房

天井

0 1 2 3 4 米　底层平面

亭子间

后厢房　后厢房

上晒台　下

中厢房　中厢房

前楼

厢房　厢房

二层平面

8. 华忻坊——杨树浦路 1991 ~ 2009 弄

华忻坊坐落在杨树浦路 1991 ~ 2009 弄，占地 1.3 公顷，1921 年由盛杏荪出资建造，作为华盛织布局的职工住宅，有广式民居 213 个单元，石库门民居 13 个单元，合计建筑面积 17208 平方米，1955 年改由政府管理。

华忻坊为二层砖木结构楼房，沿杨树浦路 25 个单元的底层为店铺，房屋高爽，平面紧凑，结构用材也较坚实，除了缺少前天井和晒台以外，与后期石库门民居相同。这类民居在杨浦区比较多，属于后期石库门民居中的广式房子。

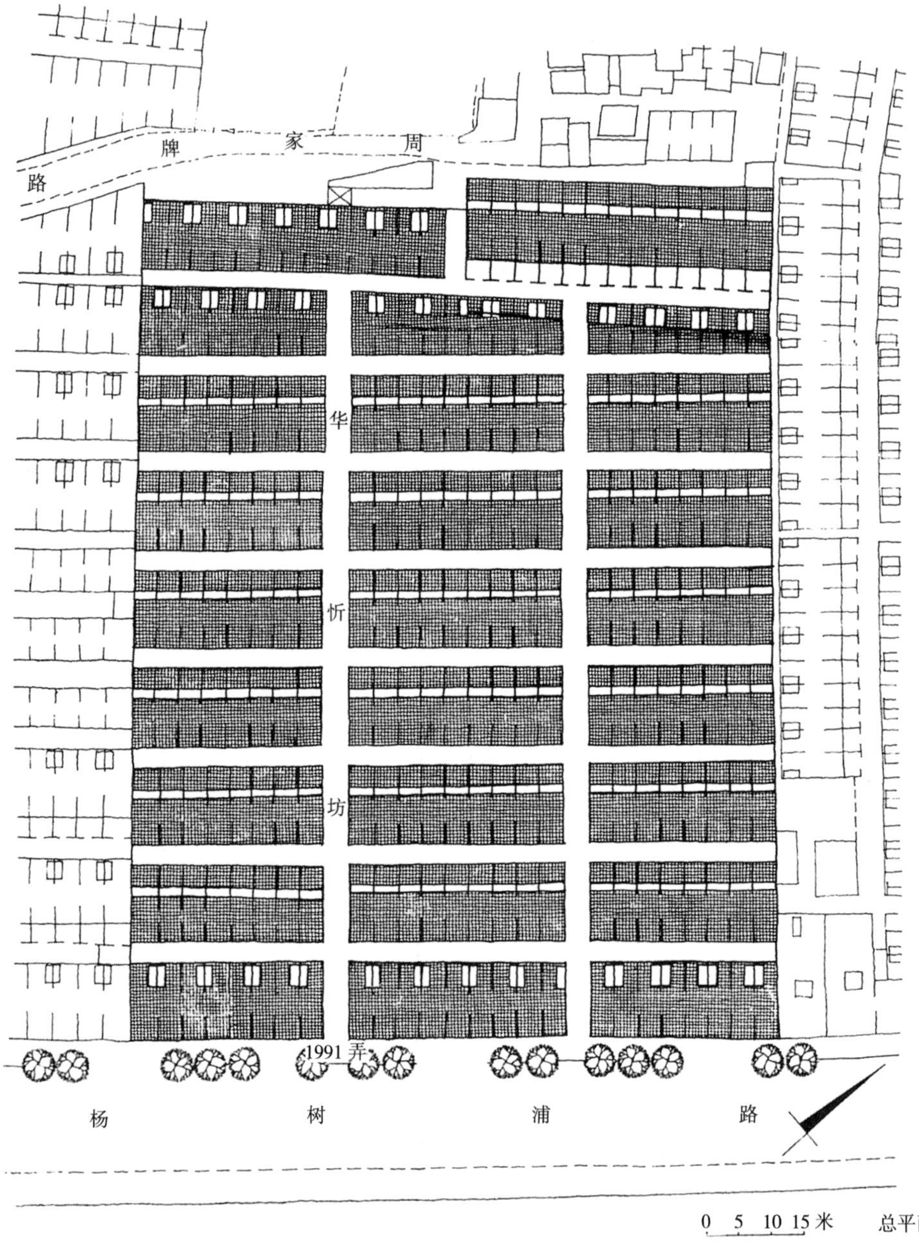

华忻坊

路 牌 家 周

1991弄

杨 树 浦 路

0 5 10 15 米   总平面

广式房子外观

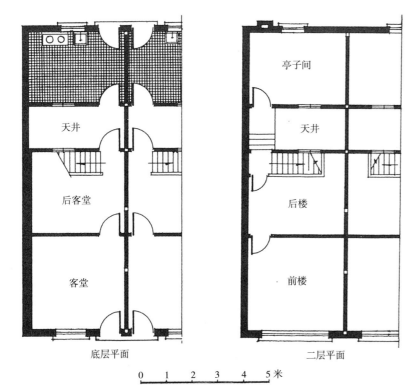

| 亭子间 |
| 天井 |
| 后楼 |
| 前楼 |

天井

后客堂

客堂

底层平面　　　　　　二层平面

0 1 2 3 4 5 米

广式房子平面

石库门

9. 西斯文里——大田路 509 ~ 510 弄

西斯文里坐落在大田路以西，新闸路以北、南苏州路以南，三面临街，包括大田路 441 ~ 487 号、511 ~ 581 号，新闸路 632 ~ 706 号，南苏州路 1491 ~ 1497 号。与东斯文里以大田路为界，习惯合称为斯文里，始建于1914 年，至 1921 年竣工建成，总计有 600 多个单元，为全市规模最大的石库门民居里弄。西

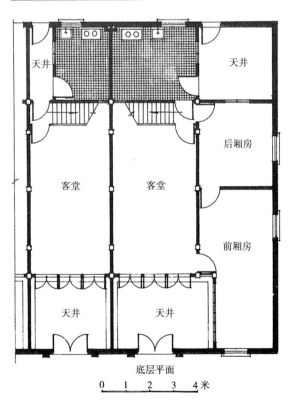

底层平面

0 1 2 3 4 米

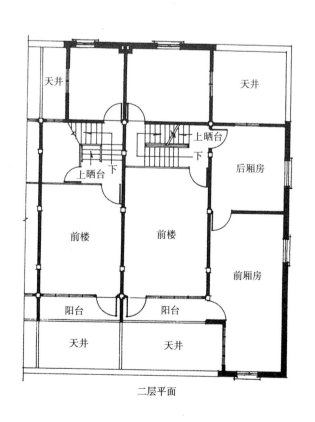

二层平面

斯文里占地 1.8 公顷，有二层砖木结构后期
石库门里弄民居 281 个单元，建筑面积共为
21329 平方米，多数为单开间，另有非居住
房屋面积 2144 平方米。沿大田路、新闸路
的建筑为广式房子，临街底层为店铺。

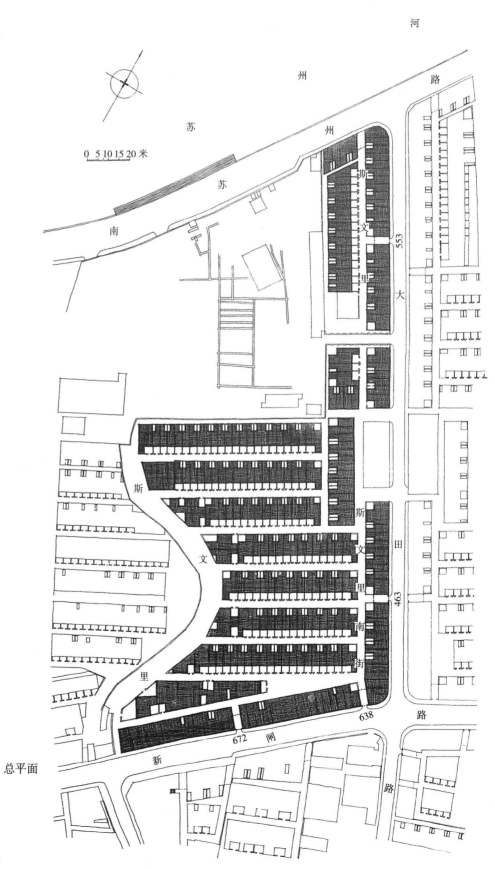

总平面

沿广东路外观

10. 昌兴里——河南中路 80 弄

昌兴里坐落在广东路、河南中路，东棋盘街转角处，占地 1.05 公顷，南、北方向辟有总弄，北口为广东路 237 弄，南口为东棋盘街 60 弄。支弄出口有：河南中路 80 号，东棋盘街 32 弄。弄的东边与永吉里贴邻，在 32 号民居围墙处有一通道，可直达江西中路。1938 年，河南中路、广东路沿街房屋改建为钢筋混凝土框架木搁栅扶梯，木楼板四层楼房，每间每层设置小卫生间一套，总弄西部民居也

改建为混合结构后期石库门里弄民居。

昌兴里弄内有石库门里弄民居 36 个单元，总弄东部有早期石库门里弄民居 26 个单元，其中三开间民居 17 个单元，双开间民居 7 个单元、单开间民居 2 个单元。总弄西部经过改建的石库门民居有三开间、双开间各 5 个单元。沿街民居有 67 个单元，沿广东路、东棋盘街有底层店铺二楼民居 27 个单元（包括 32 弄过街楼），东棋盘街 30 号有过去设厂，现改民居的三开间二进二层楼房 1 个单元，

从平面结构、用材来看这部分应归属为早期石库门里弄民居，总弄西部沿广东路、河南中路有钢筋混凝土框架四层楼房 23 个单元，底层及夹层为店铺，二楼以上为民居，这部分应归属为新式里弄民居，沿东棋盘街还有底层店铺二楼民居的后期石库门里弄民居 6 个单元。昌兴里全部房屋应为早期石库门里弄民居 54 个单元，后期石库门里弄民居 16 个单元，新式里弄民居 23 个单元，实际建筑面积为 19713 平方米。

昌兴里原为百年老屋，1938 年改建时仅将总弄两部房屋按当时的条件和要求加以改造，弄内房屋的平面基本不动，只是在结构及用材方面有所改进。沿广东路、河南中路的改建，从目前的防火要求来看，采用木搁栅、木楼梯是不妥当的。总弄东部属于早期建造的房屋，还留有前天井石板地、两侧厢房窗槛下砂石墙面、石槛出风洞等传统做法。由于过去弄内工商业户较多，看管里弄设有警卫人员，乱搭乱建和破坏建筑的情况较一般里弄为少，所以这些传统做法还能保持到今天。

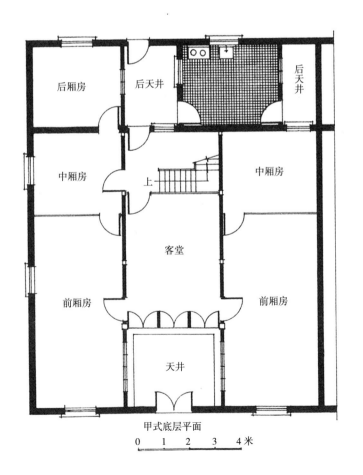

甲式底层平面

0 1 2 3 4 米

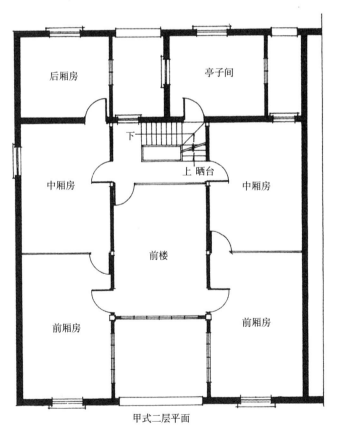

甲式二层平面

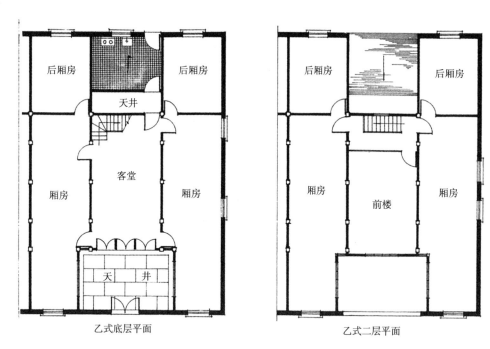

后厢房　　后厢房

天井

厢房　　客堂　　厢房

天　井

乙式底层平面

后厢房　　后厢房

厢房　　前楼　　厢房

乙式二层平面

0　1　2　3　4米

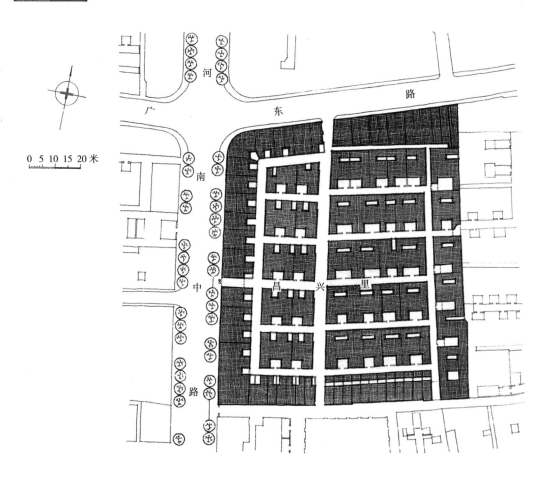

总平面

（三）新式里弄民居

11. 光明村——江宁路 1000 弄

光明村地处江宁路 1000 弄，1932 年由杨国光投资建造，占地 0.42 公顷，有二层楼单开间新式里弄民居 44 个单元，合计建筑面积 4592 平方米，1956 年由政府经管。该处房屋质量在新里民居中属于较差的，同时基地处在街坊中间，原有前后两个出口，后来后弄被厂房挡住，变成死胡同，虽是居住安静，但进出不便。

侧面外观

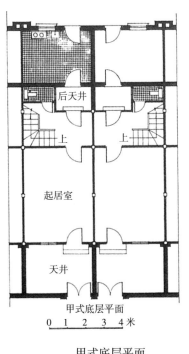

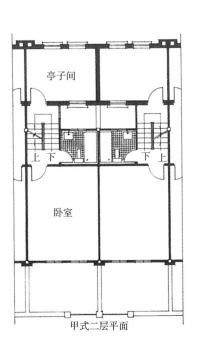

甲式底层平面

甲式二层平面

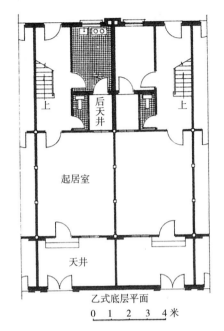

起居室

后天井

上　　　上

天井

乙式底层平面

0 1 2 3 4 米

乙式底层平面

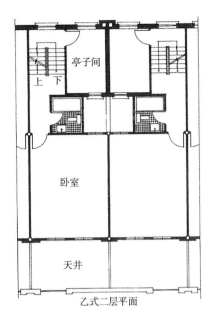

亭子间

上　下

卧室

天井

乙式二层平面

乙式二层平面

北

江　宁　路

1000

0　5　10　15米

总平面

总平面

12. 淮海坊——淮海中路 927弄

淮海坊位于淮海中路927弄，占地1.73公顷，有民居183个单元，其中16个单元底层为店铺，实计建筑面积为27619平方米，1924年由教会普爱堂投资建造，原名霞飞坊，新中国成立后改今名。该处为混合结构三层楼房，有煤卫设备，属新式里弄民居。由于里弄宽广，房屋高爽，地段闹中取静，居民乐于租用，不足之处是三楼不设卫生间，与二楼合用一套，使用紧张。该处特点是地形狭长，接连程度达到每排30个单元，比较少见。

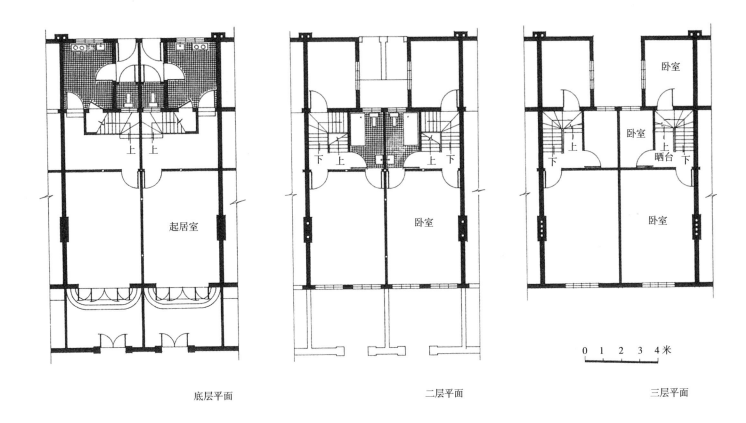

底层平面　　　　　　　　　　　　二层平面　　　　　　　　　　　　三层平面

总弄外观

南面外观

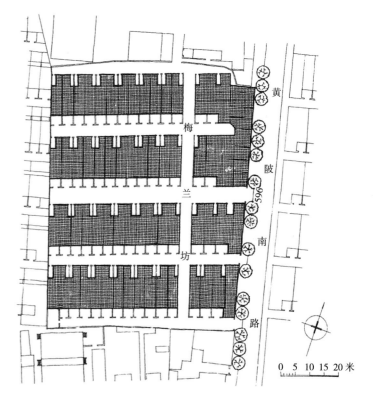

总平面

梅兰坊位于黄陂南路596弄，占地0.53公顷，建有三层楼房70个单元，其中8个单元底层为店铺，实有建筑面积11876平方米，1930年由吴姓业主投资建造，取名梅兰坊，1956年由政府接管，沿用原名未改。梅兰坊为新式里弄居民，地段适中，煤卫俱全，建筑外观和平面布局均按传统形式建造，弄内路面平坦，来往行人不多，居住环境较好。

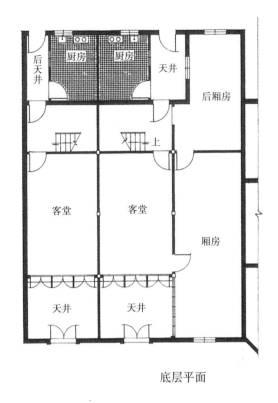

底层平面

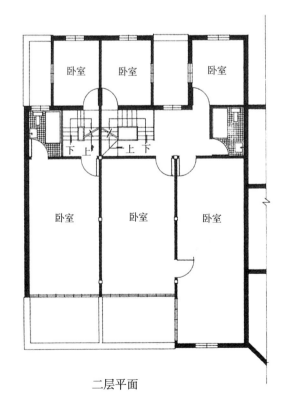

二层平面

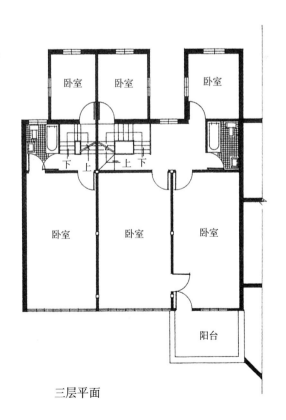

三层平面

总弄入口

背面外观

14. 景华新村——巨鹿路 820 弄

景华新村坐落在巨鹿路 820 弄，占地 0.71 公顷，1938 年由周姓业主投资建造混合结构三层楼新式里弄民居 69 个单元。合计建筑面积 17700 平方米。1957 年改由政府经营。该处属于较好的新式里弄民居。面宽 6.0 米，居室进深 4.5 米，前后排水平距离 6 米，但居室进深浅，窗户大，冬日底层仍能保持一定的亮度。景华新村室内装修精美，卫生设备齐全，外观新颖别致，再加地段良好，深受群众欢迎。

此外，该处基地面临巨鹿路弯道处，为了保持街道景观的完整，采用缩减第二排房屋深度的办法，来调节基地两侧长度不一的缺陷，收到一定的效果。

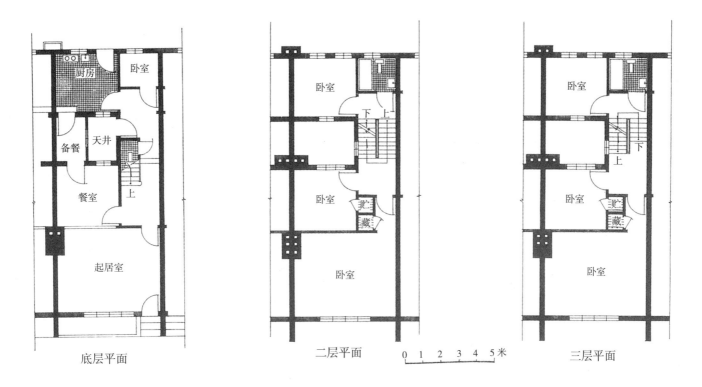

底层平面　　　　　　　　二层平面　　0 1 2 3 4 5 米　　三层平面

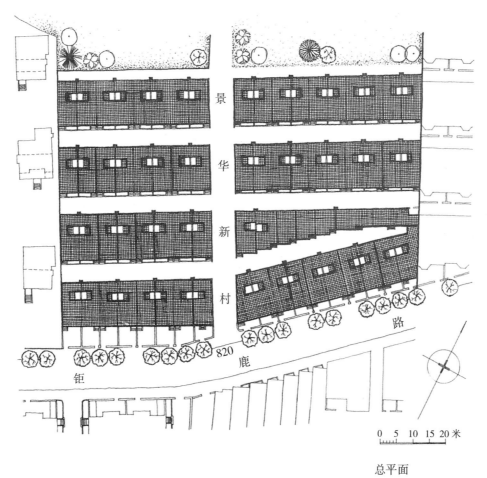

总平面

南面外观

15. 静安别墅——南京西路 1025弄

静安别墅坐落在南京西路1025弄，另一端为威海路652弄，是上海最大的新式里弄民居。1928年由张潭如投资建造，1950年由政府接管，占地2.35公顷，呈南北狭长条形，中间辟有总弄，两旁支弄24条都是尽端胡同，建有三层新式里弄民居183个单元，另有单独二层汽车间5间，共有建筑面积34300平方米。该处183个单元中分六种平面，沿街面建造的有三种平面，共20个单元，弄内民居163个单元，也分三种平面，计双开间单元47个；面宽5.4米的单开间单元49个；面宽4.5米的单开间单元67个。

静安别墅开间宽，进深一般，前后排距离8.25米，前排墙高9.60米，间距为1∶0.85，在里弄民居中属于比较宽的。平面布局和空间起伏与一般新里民居相似，施工质量和用料标准较好，入口装饰丰富，庭院有一定深度，

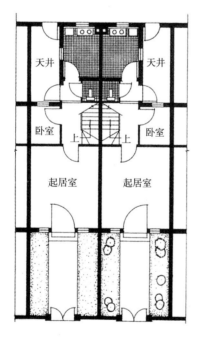

甲式底层平面

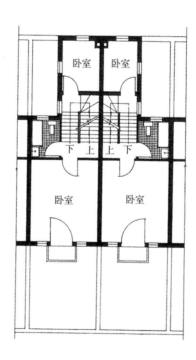

甲式二层平面

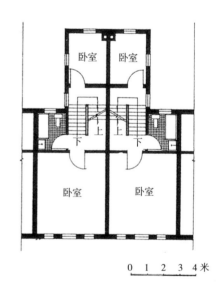

0 1 2 3 4米

甲式三层平面

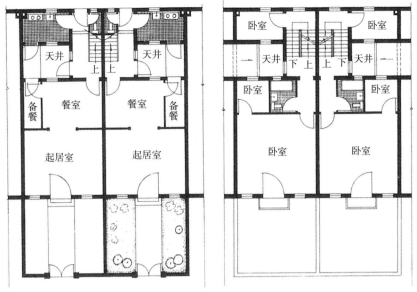

0　1　2　3　4米

乙式底层平面　　　　　　　　乙式二层平面

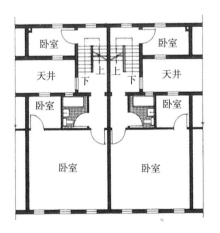

乙式三层平面

围墙内可以栽植花木，二开间单元都有汽车间。生活、进出、购物都较方便。但有二点不足，一是总弄贯通南京西路威海路，成为过境通道，行人进出频繁，干扰太多，二是弄内服务行业较多，群众交往稠密，影响里弄的安静、卫生。

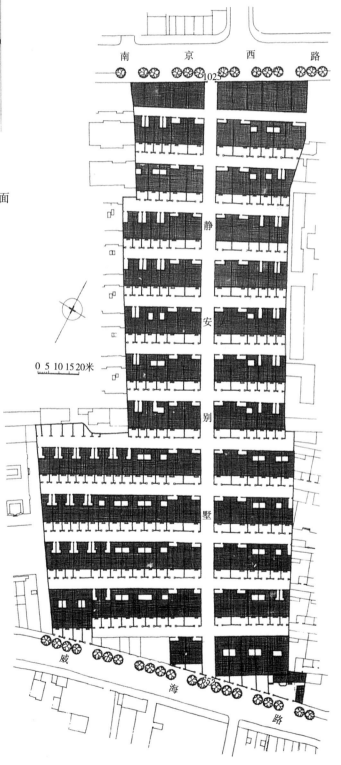

0　5　10 15 20米

总平面

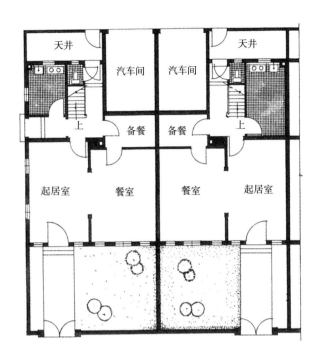

丙式底层平面

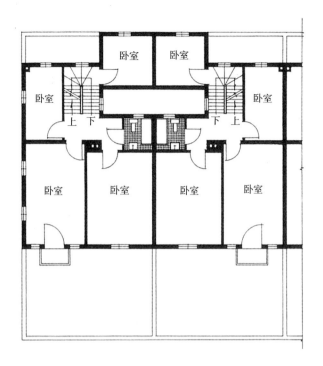

丙式二层平面

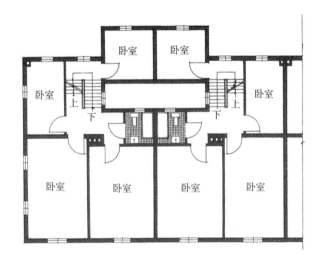

丙式三层平面

总弄外观

华山路外观

背侧面外观

16. 大胜胡同——华山路229～285弄

大胜胡同坐落在华山路229～285弄，1930年由天主教普安堂投资建造，业主为北京神父，故取名大胜胡同。该处基地面积为3.5公顷，中间部分为教堂及神父住宅，周围为里弄民居，有单开间三层楼新式里弄民居116个单元，汽车间21间，合计建筑面积22706平方米。民居正屋三层，附屋四层，主要居室均朝南，底层小卫生设备一套，二楼、三楼各大卫生设备一套，室内不设壁炉，但在墙

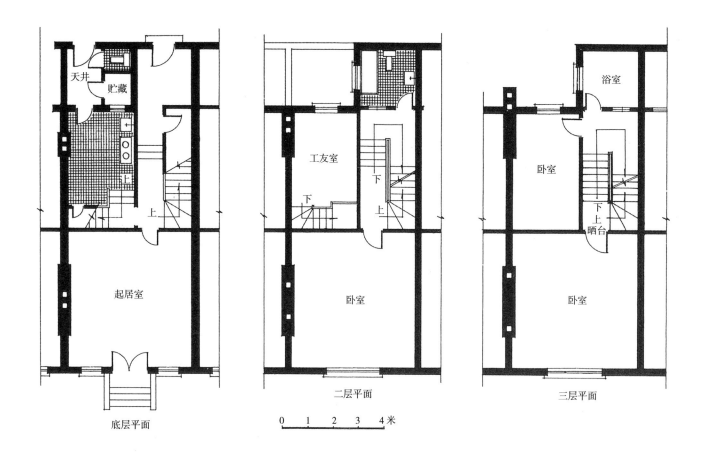

天井　贮藏

起居室

底层平面

工友室

卧室

二层平面

0　1　2　3　4 米

浴室

卧室

卧室

晒台

三层平面

壁中预留烟道，可供自备火炉接入，宅前有小庭园，周围用矮围墙与邻居及里弄分隔。该处地段适中，环境清静，屋内装修设备一般，属于中等偏上的新式里弄民居。

北入口大门

背立面外观

二二九弄（大胜胡同）

二四一弄

二五一弄

二六二弄

二七五弄

二八五弄

华

山

路

0 5 10 15米

总平面

17. 金城别墅——南京西路 1537 弄

金城别墅坐落在南京西路 1537 弄，占地 0.28 公顷。
1932 年由金城银行投资建造，前部沿街，楼下店铺，楼
上宿舍，共有二层楼房 16 个单元，后部为高级职员宿舍
22 个单元，另有汽车间 14 间，合计建筑面积 5515 平方米。
1954 年由政府接管。金城别墅平面形态接近石库门民居
二开间一厢房，前檐四扇大屏门也近似石库门民居六扇落
地长窗，室内房间多，居室宽敞，适宜大家庭居住。装修
一般，特别是楼上五个房间合用一套大卫生间，略显紧张。
前后排间距较狭，正面厢房采用包檐做法，虽较出檐透气，
但容易漏水，需要经常修理。

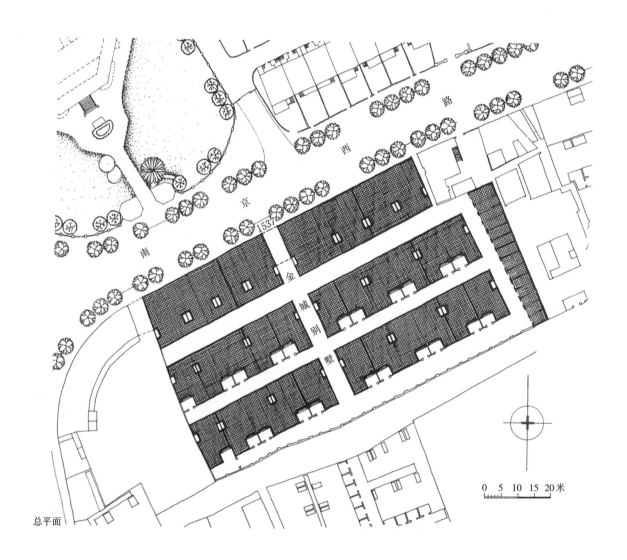

总平面

0 5 10 15 20米

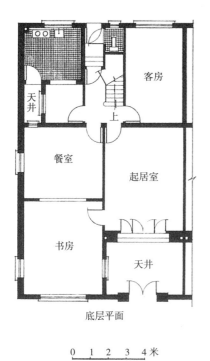

底层平面

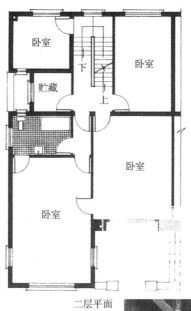

二层平面

0 1 2 3 4米

正面外观

18. 富民新村——富民路 148 ～ 172 弄

富民新村坐落在富民路 148 ～ 172 弄，1933年由邵修善投资建造，定名古拨新村，1957年改现名。

富民新村占地 1.50 公顷，建有三层单开间新式里弄民居 68 个单元，沿富民路有三层公寓民居 15 个单元，合计建筑面积 13091 平方米。新村建筑质量较好，卫生设备齐全。新里弄民居的平面布局与一般新里弄相似，由于地段幽静，出入方便，很受居民欢迎。

沿路公寓民居底层为店铺，当中一间为总弄通道，楼上二层三层均属公寓，共有一室半户 30 套，居室小，方向差，条件不是最好。

乙式前面外观

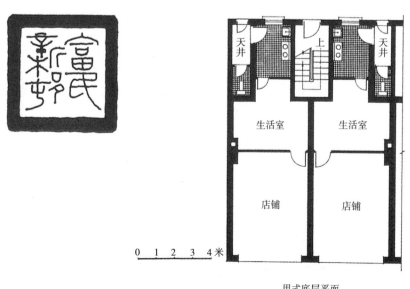

甲式底层平面

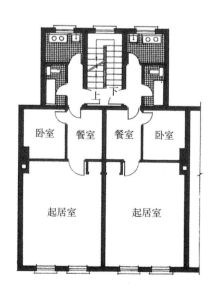

甲式二层公寓式平面

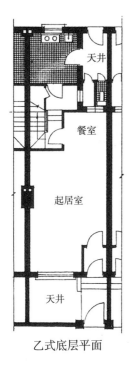

天井

餐室

起居室

天井

乙式底层平面

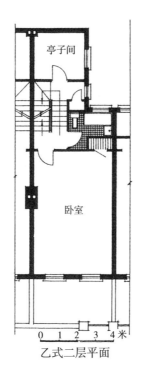

亭子间

卧室

0 1 2 3 4 米

乙式二层平面

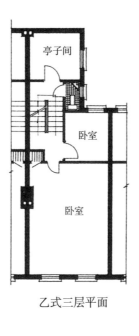

亭子间

卧室

卧室

乙式三层平面

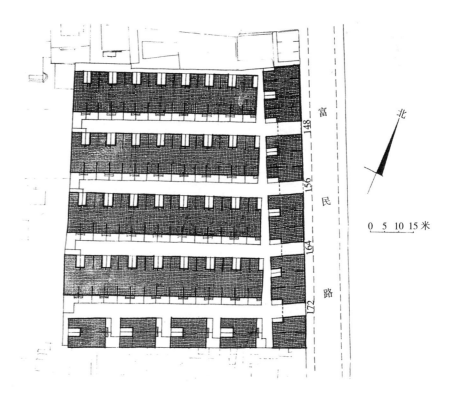

总平面

富 民 路

北

0 5 10 15 米

19. 模范村——延安中路 877 弄

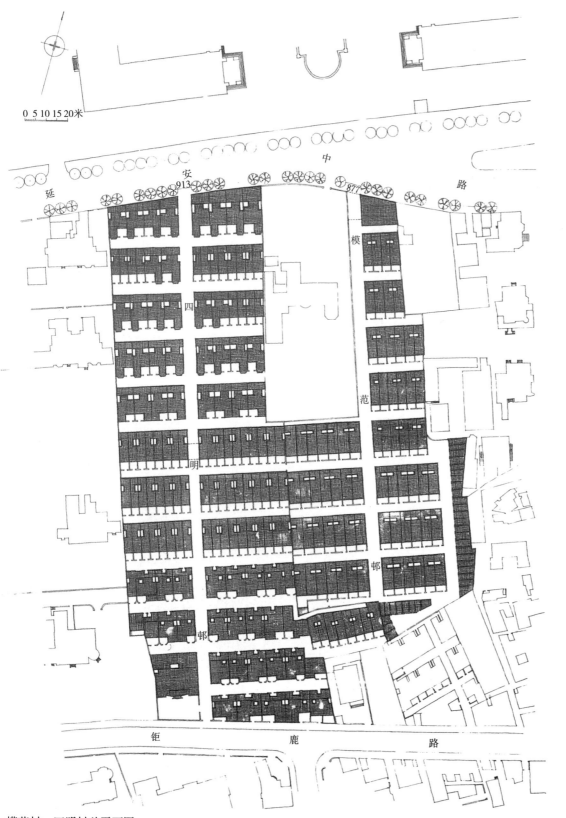

模范村、四明村总平面图

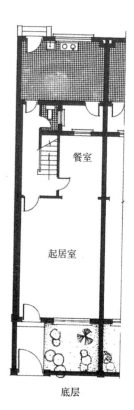

底层

正面外观

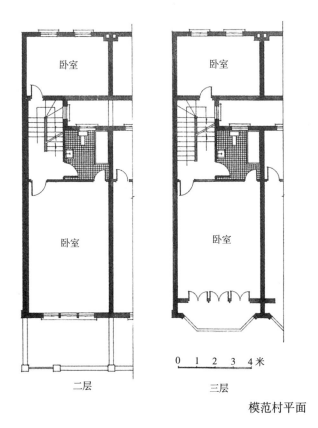

二层　　　　　三层

0 1 2 3 4 米

模范村平面

　　模范村位于延安中路 877 弄，为新式里弄民居，占地 1.03 公顷，1928 年由中南银行投资建造，1958 年改由政府管理。该处有混合结构三层新里民居 72 个单元，其中 46 个单元开间为 4.8 米，26 个单元为 4.2 米，另有沿延安中路店面 4 个单元，过街楼 1 间，弄内有汽车间平房 34 间，现均已加为二层，全部建筑面积为 17860 平方米。

　　模范村每个单元民居底层为起居室、餐室、小卫生设备一套，二楼三楼各有大小卧室二间。大卫生设备一套，三楼前部有钢筋混凝土阳台，附屋底层为厨房，二、三楼均为小卧室，木门木窗，宽狭单元的布局设备基本相同，是较典型的单开间新式里弄。

　　模范村由于地段适中，使用方便，为居民所乐用。

正面外观

20. 四明村——延安中路 913 弄

　　四明村坐落在延安中路与巨鹿路之间，沿延安中路为901 ~ 927 号，沿巨鹿路为 614 ~ 622 号，占地 1.93 公顷。建于 20 世纪 20 年代，为新式里弄民居，分三批建造才形成今之规模。共有混合结构与砖木结构民居 139 个单元，建筑面积总计为 29510 平方米。第一批建有单开间三层楼民居 54 个单元，即弄内 33 ~ 86 号；售与四明银行后，

该行于 1928 年及 1932 年又两次增建，第二批建有单开间民居 16 个单元、双开间民居 32 个单元，均为前二层后三层的房屋，即沿延安中路 901 ~ 927 号及弄内 1 ~ 32 号；第三批建有单开间民居 10 个单元、双开间民居 25 个单元、三开间及独立式各一个单元；建筑质量以第三批为最好，第二批次之。

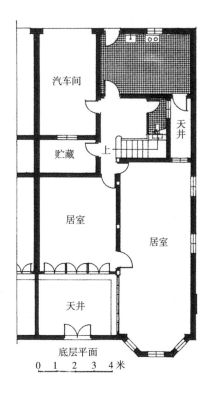

汽车间

贮藏

居室

居室

天井

天井

上

底层平面

0 1 2 3 4 米

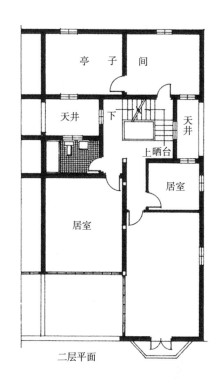

亭 子 间

天井

下

天井

上晒台

居室

居室

二层平面

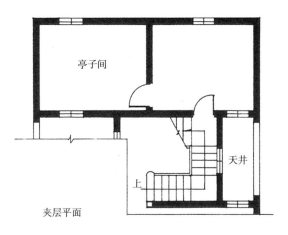

亭子间

天井

上

夹层平面

石库门

沿茂名南路外观

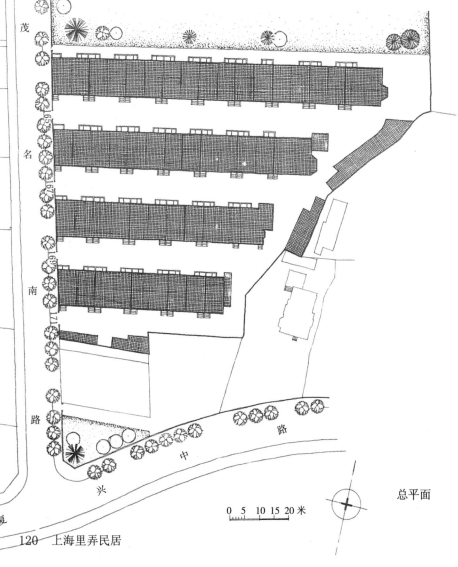

总平面

0 5 10 15 20米

21. 茂名南路 165～17l 弄

茂名南路 165～171 弄，坐落在茂名南路东侧，南近复兴中路口，占地约 1 公顷，有二层楼新式里弄民居四排，51 个单元，合计建筑面积约 8540 平方米，另有汽车间 400 平方米。

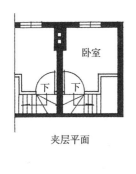

夹层平面

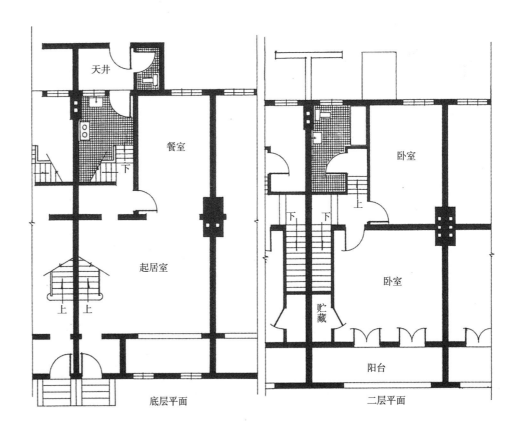

底层平面

二层平面

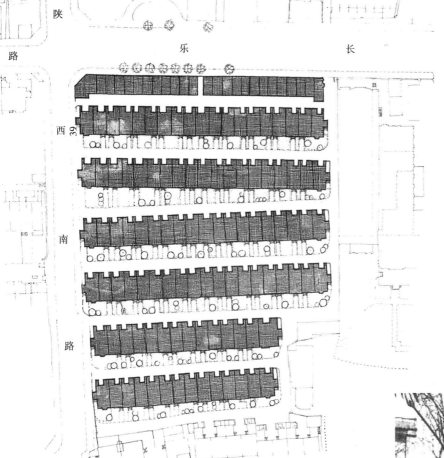

陕

路

乐

长

西
39

南

路

总平面

正面外观

22. 长乐村——长乐路 223 弄

长乐村位于陕西南路 39～45 弄, 占地 2 公顷, 有
新式里弄民居 129 个单元, 合计建筑面积 19148 平方米。
1925 年由华懋地产有限公司投资建造, 取名凡尔顿花园,
1958 年由政府接管, 改用今名。

该处共七排折坡式屋顶二层楼房, 楼上面积较底层略
小, 后部附屋为 3 层, 底楼小卫生设备一套, 三楼大卫生
设备一套, 外观小巧玲珑, 内部装修精致, 设备齐全, 是
上好的新式里弄民居。该处另一特点为间距宽畅, 达到
1：1.5, 可以栽种树木, 环境幽美, 对室内采光通风也有帮助。

它的最后一排沿长乐路设置北向进口, 沿街较喧扰,
南面间距也较其他六排为窄, 仅为 1：0.7, 没有前面几排
受人欢迎。

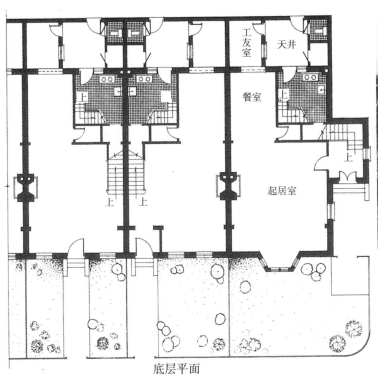

正面屋顶外观

底层平面

尽端单元入口

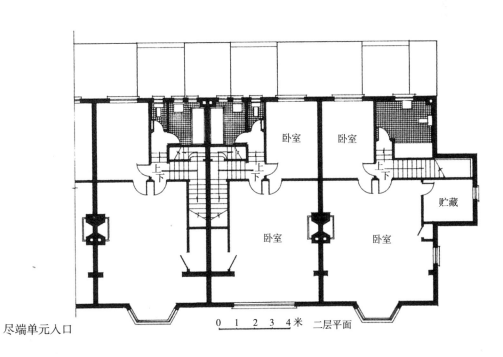

0 1 2 3 4米 二层平面

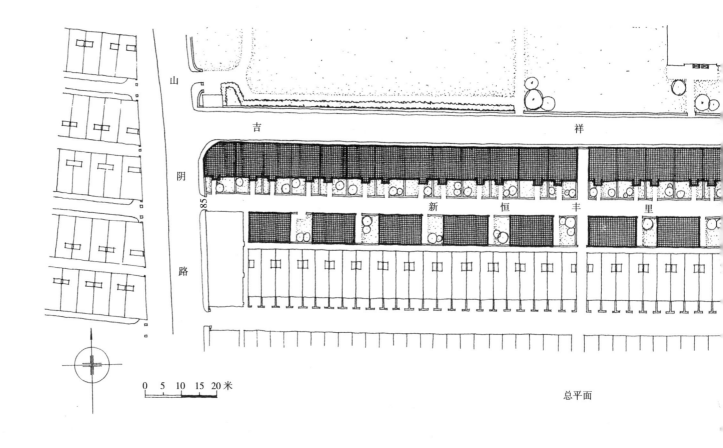

山

阴

路

山 吉 祥

85

新 恒 丰 里

0 5 10 15 20 米

总平面

23. 新恒丰里——山阴路85弄

　　新恒丰里坐落在吉祥路与山阴路的转角处，占地约
0.54公顷，有三层楼新式里弄民居二排，29个单元，建
筑面积约5906平方米。有四种平面型式，单体平面图系
指其中数量最多的一种民居。

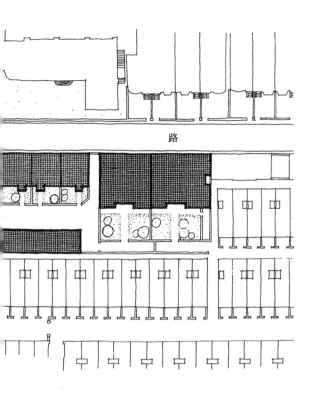

路

立面

正面外观

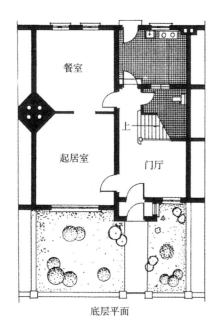

底层平面

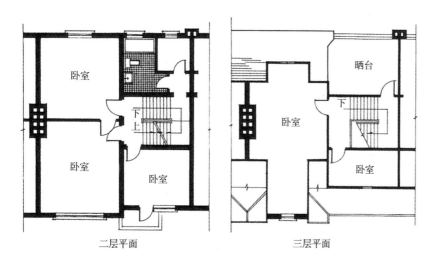

二层平面　　　　三层平面

总平面

24. 万宜坊——重庆南路205弄

万宜坊位于重庆南路205弄，占地1.15公顷，一九三一年由万国储蓄会集资建造，全部房屋有弄内民居90个单元，平房汽车间16间，二层汽车间4间，沿街店铺楼上民居11个单元（包括205弄过街楼在内），实际建筑面积为17063平方米。万宜坊房屋业主众多，目前由政府管理的有：沿街房屋11个单元，弄内房屋52个单元，私人自管的房屋有35个单元。还有3个单元产权未定，20个汽车间分属不同的业主。

万宜坊房屋为混合结构楼房，弄内为假三层，沿街为三层楼，都是新式里弄民居。它的形式、风格基本一致，仅屋顶略有区别，沿街前后两坡水屋顶，弄内为折坡式带有假三层屋顶。它的布局是沿街设置店铺，弄内安排民居，东西毗连，南北朝向，前后共四排，多余下来的边角土地修建汽车间，门前酌留车辆回转用地，使不同房屋各得其所，又能较好地利用土地，应该说是合理的、经济的。唯当时对上海以后的土地沉陷预见不足，以致目前暴雨高潮时，该处有时出现积水倒反现象。

万宜坊弄内房屋底层前部有1.8米深小天井与里弄分隔，分界处建有2.0米左右的矮围墙，起居室透过矮围墙借用里弄空间通风采光，起居室前廊檐设有游廊，正对大门处一段被截作民居的进口，起居室后部为扶梯间，扶梯下为储藏室，正对扶梯起步处为厨房，厨房北窗旁被挖一块装设马桶，供佣人使用，由厨房侧面小天井内进出，小天井为厨房通达后门的过道。扶梯转弯处平台为二楼小卧室进出口，另有大卧室一间，大卫生设备一套，大卧室内有壁橱和阳台；三楼也是大、小卧室各一间，一套大卫生设备，但不设阳台、壁橱，仅利用折坡式屋顶下层屋面下空间设置贮藏室。沿街房屋的二楼、三楼设置与弄内民居大致相同，二楼设有半挑阳台，三楼不设阳台，室内面积较弄内民居的为大。缺点是不够安静。

南立面图　　　　　　　　　　　北立面图

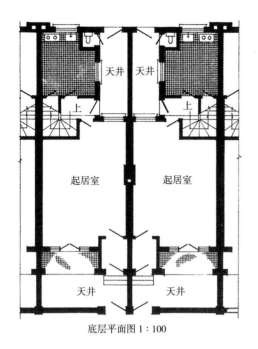

底层平面图 1：100

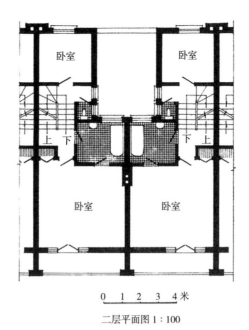

0 1 2 3 4 米

二层平面图 1：100

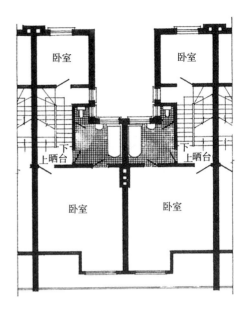

三层平面图 1：100

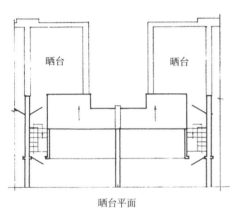

晒台平面

正侧面外观

总平面

25. 渔光村——镇宁路 285 弄

渔光村位于镇宁路 255～275 号，占地 0.63 公顷，1934 年建有三层新式里弄民居 53 个单元，汽车间 9 间，实际建筑面积为 5320 平方米。渔光村分二种形式：弄内 100 号至 168 号为单开间房屋，共有 35 个单元。170 号至 204 号为一间半，有 18 个单元。都是混合结构三层楼楼房，原为中南银行职工宿舍，1956 年改由政府管理。

渔光村外观为拉毛粉刷墙面，黑白瓷砖门窗头线，屋

前有二米左右的小花园，侧进口处有小雨披，钢窗，木门，室内木地板，木扶梯，二楼有大卫生设备一套，底层及三楼各为一套小卫生设备，底层为起居室、餐室，单开间民居二楼、三楼各为两个卧室，一间半民居二楼为一个套间及一间小卧室，三楼为三间小卧室。

渔光村有几点与一般里弄不同：1. 它的门牌号码是四条里弄不是按里弄编制，而是四条弄堂用一个顺序编下来的，尽管大部分弄堂相互之间走不通，而且号码的起点

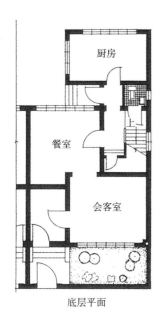

底层平面

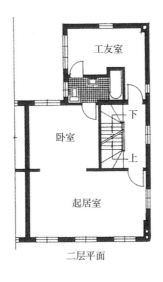

二层平面

三层平面

为100号,全部取双数,这与一般里弄的编法不同;2.一间半房屋里,各层的室内分隔每层不同,影响立面窗口的布置,板墙设置及楼板构造较为复杂,虽与安全关系不大,但要摸清它的构搭支撑也需一点时间;3.255弄以北里弄都是单开间,与一般单开间新里弄并无多大区别,只是在楼梯下的部位利用较好,一部分作为厕所,一部分作为煤间,厕所能向后天井开窗、借光,煤间在后天井中设门,上卸煤炭。

根据地段、室内装修、房屋设备等,渔光村应为中档新式里弄民居。

正面外观

26. 永安坊——四川北路 1953 弄

　　永安坊坐落于四川北路以西，多伦路以东，多伦东路以北，占地约 1.4 公顷。有三层楼新式里弄民居 187 个单元，总计建筑面积约 24633 平方米。其中，两侧沿多伦路和四川北路有东西向民居各一排、16 个单元，合计 32 个单元，临街底层为店铺，中间有南北向民居四排，合计 155 个单元。在四川北路上有 3 个进出口，在多伦路上有 4 个进出口，弄内道路纵横贯通。

总平面

0 5 10 15 20米

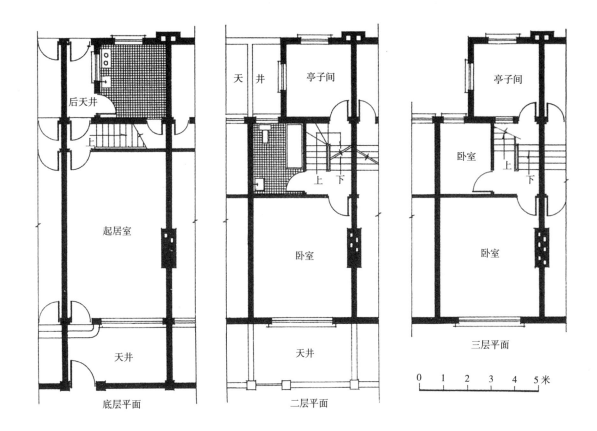

后天井

起居室

上

天井

底层平面

天井

亭子间

卧室

上　下

天井

二层平面

亭子间

卧室

卧室

上

下

三层平面

0　1　2　3　4　5 米

过街楼

27. 懿园——建国西路 506 弄

总平面

0 5 10 15 20 米

懿园坐落在建国西路 506 弄，全部土地为 1.53 公顷。1941 年由中国农民银行投资建造，分室出售。有房屋 61 个单元，分为 19 排，2 个单幢，每排由 2 ~ 5 个单元组成。其中 57 个单元在弄内，3 个单元沿建国西路建造，都是混合结构三层楼房，另一个单元为二层楼房，是看弄人工作及居住的处所（现由里弄居委会使用）。从房屋分类情况来看：弄内 47 个单元及沿马路 3 个单元都属双开间新式里弄民居，10 个单元为花园里弄民居，1 个单元为非居住用房，懿园属新式里弄民居，61 个单元中由政府管理的房屋有 26 个单元，私人自管产业 32 个单元，还有 3 个单元为公私共有产业。

懿园 61 个单元民居的平面布置，除弄内 18 号为独院住宅自成系统和 13 号为居委会使用房屋外，其余 59 个单元基本一致，底层为入口、起居室、餐室、楼梯间、厨房、煤间、小卫生设备一套，二楼 3 个卧室，主要卧室有挑出阳台，一间箱子间，三楼 3 个卧室一个小贮藏室，一个晒台。它们的立面外观有二种形式；一种为西班牙风格；一种为英吉利风格。一排一个式样，排排之间的组合没有一定的规律。由于总体安排比较整齐，房屋体量无甚差

正面上部外观

正面外观

别，拼在一起，显不出有过分不协调之处。室内装修也较一般新式里弄民居为好，硬木狭条地板，硬木门、钢窗、硬木挑枋装修，门窗玻璃都是上等规格，室内平顶拉有精致线脚，卫生器皿质量良好，厨房内还有统长碗柜。

懿园总弄宽 6.0 米，支弄宽 4.5 米，一部分房屋在平行二排之间留有空地，设置汽车间及车辆回旋场地，全弄共有 41 个汽车间（目前都已改为居民居住），每个单元屋前都有宽广庭院，可供绿化环境。

入口

立面

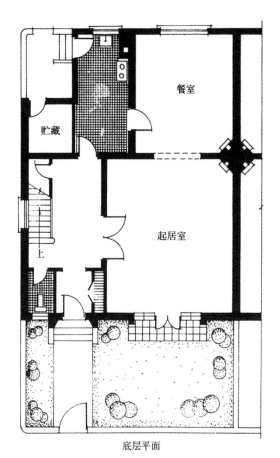

底层平面

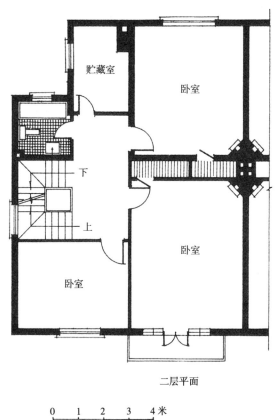

二层平面

0 1 2 3 4 米

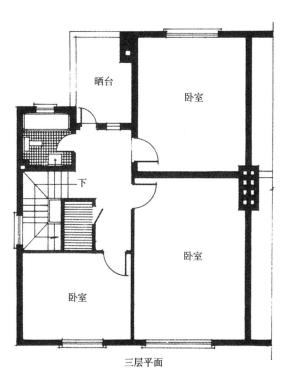

三层平面

28. 沪江别墅——长乐路613弄

沪江别墅位于长乐路613弄，占地0.38公顷，地形不方整。该处沿街设有总弄，直达弄底。弄西有四排房屋，都是混合结构三层楼双开间单元。第一排底层为店铺，楼上为住家，计4个单元，第二~四排都是新式里弄民居，每排3个单元，共9个单元。弄东也是四排房屋，第一排为7个单元，底层原为车库，楼上为住家。其余三排为混合结构三层楼双开间新式里弄民居，每排3个单元，共9个单元。由于地形不方整，在18个单元新里弄民居中有4个单元为二间半，其余14个单元的房屋深度和宽度都有出入。沪江别墅全部29个单元房屋的建筑面积合计为6725平方米。1939年由浙江地方银行投资建造，建成后转让与敌伪，抗日胜利后归国民党，1949年后由政府接管。

在18个单元新里民居中，平面布置上也有差异，有些有中天井，有些没有中天井。一般的居室布置大致如下：底层为起居室、餐室、小卧室、厨房、楼梯间，中天井帮助采光通风，扶梯下有小卫生设备一套，二楼、三楼都是三间卧室，一套大卫生设备，三楼设有挑出阳台，三楼卫生间顶上为晒台。

沪江别墅装修较好，但施工质量粗糙，目前有些地板已经腐朽，屋顶桁条断面不够，有些部位已呈挠曲袋水，砌砖质量、粉刷质量都较差。但地段良好，房间宽大，设备齐全，前面还有小庭院，仍受居民欢迎。

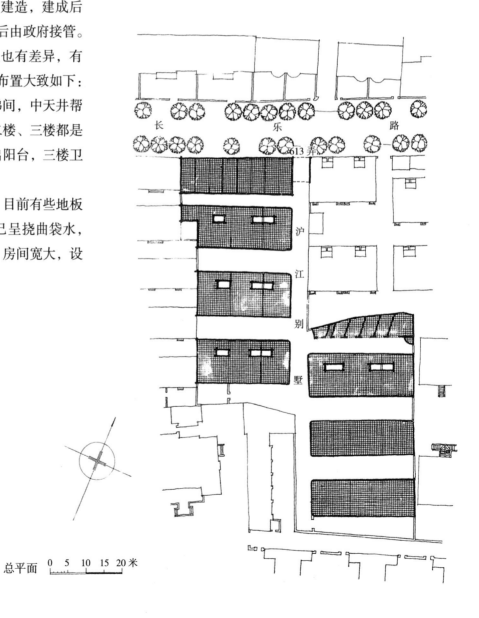

总平面　　0　5　10　15　20米

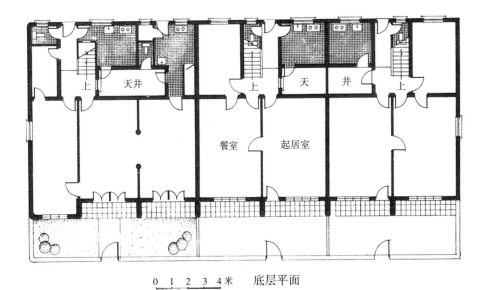

0　1　2　3　4米　　底层平面

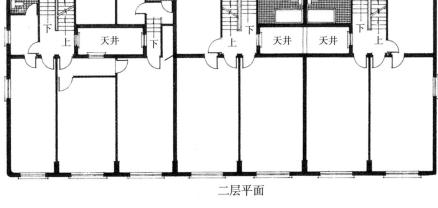

二层平面

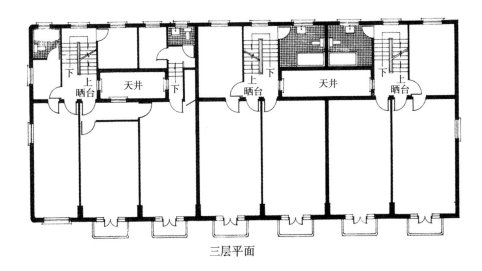

三层平面

正面外观

29. 荣康别墅——常熟路 108 弄

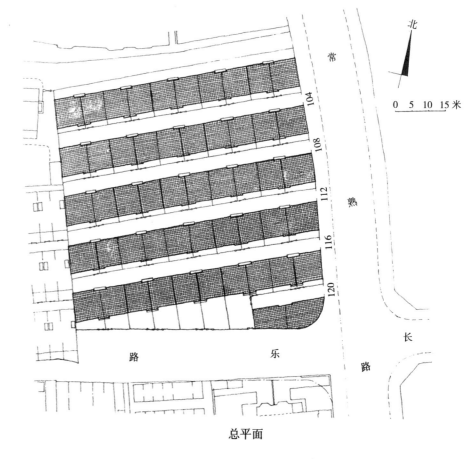

总平面

荣康别墅——常熟路100弄～122弄，长乐路802～816号，全部用地0.57公顷，1939年由荣康地产公司投资，建造混合结构双开间三层楼民居52个单元，全部建筑面积为9910平方米。其中104～120弄共42个单元，屋前都有二米深小花园；常熟路122号，长乐路802号系沿街建筑，没有花园；长乐路804～816号8个单元因地形关系，屋前花园深浅不一，最小的二米，最大的为十米。荣康别墅为新式里弄民居，由于当时采用分宅出售办法，因而目前房屋产权公私兼有。

荣康别墅砖墙承重，水泥砂浆外粉刷，窗间墙用面砖粘贴，钢筋混凝土刚性平屋面；木地板、木楼板，卫生间马赛克地坪；厨房间、亭子间水泥地面；钢窗、胶合板木门，美松装修；底层沿街沿弄的窗户都装有铁窗栅。从房屋装修、粉刷、设备来看，荣康别墅属于中档新里民居。

荣康别墅地段适中，交通、购物、居民生活都很方便。缺点是：间距较小，都低于一般间距1∶0.7，对后排房屋底层的日照通风都有影响。

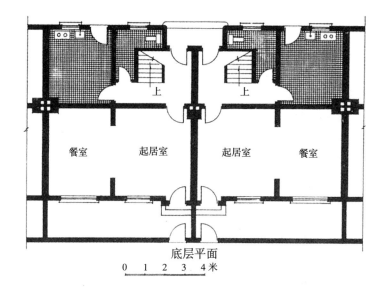

底层平面

0 1 2 3 4米

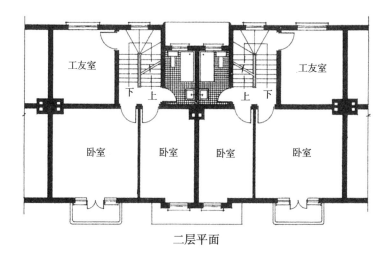

二层平面

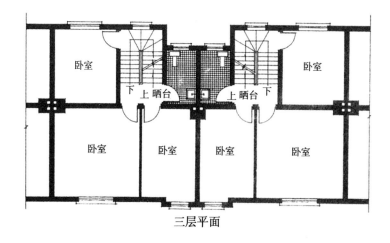

三层平面

30. 红庄——新华路 73 弄

正面外观

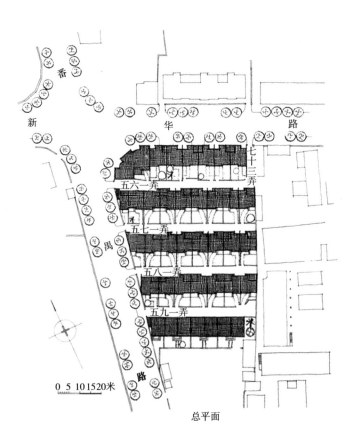

总平面

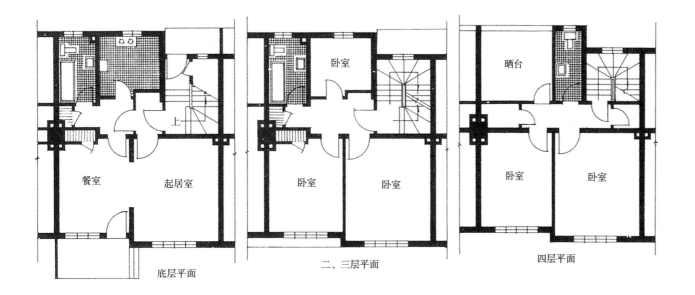

餐室　　起居室　　　底层平面

卧室

卧室　　卧室　　　二、三层平面

晒台

卧室　　卧室　　　四层平面

红庄坐落在番禺路和新华路的转角处，进出口有新华路73弄、84弄，番禺路561弄、571弄、581弄、591弄等处。占地面积约0.6公顷，原为茭白田和荒地，并有少量农民住房。1947年由旧上海中国农民银行投资，征地建造新式里弄住宅。外墙为红砖砌筑的清水墙，故名"红庄"。新华路以南称"南红庄"，有房屋5排，计37个单元。其中四层楼房4排，30个单元；三层楼房一排（位于最南端），7个单元。新华路以北称"北红庄"，有四层楼房一排，计3个单元。均为砖木结构、钢窗、木地板、煤卫俱全。合计建筑面积9600平方米。

背面外观

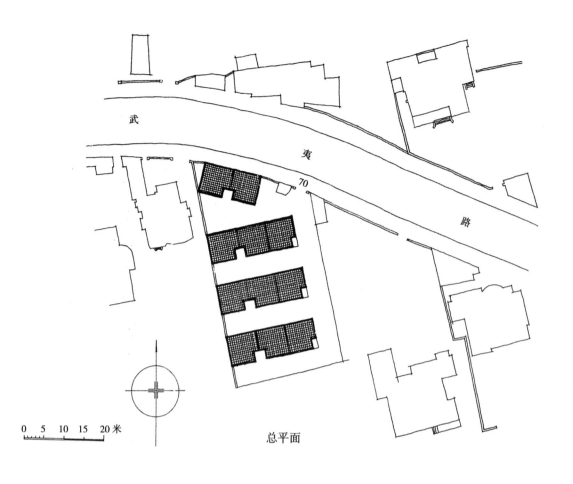

武

夷

70

路

0 5 10 15 20 米

总平面

31. 孝义新村——武夷路 70 弄

孝义新村，坐落于武夷路 70 弄。1947 年 12 月，原上海市冬令救济委员会筹募委员会，设立房屋义卖部，发行房屋义卖券，公开摇奖，中奖者得屋。当时在长宁区范围内建有忠义、孝义、仁义、礼义、信义 5 个新村，合计建筑面积一万余平方米。均为二层砖木结构，红砖清水墙；单元平面有单间式、间半式、双间式 3 种；建筑标准基本相当于新式里弄住宅。孝义新村占地 0.07 公顷，弄宽 4 米多，有二层楼房 11 个单元，沿武夷路的一排为 2 个单元，其余三排各为 4 个单元，建筑面积共为 1100 平方米。

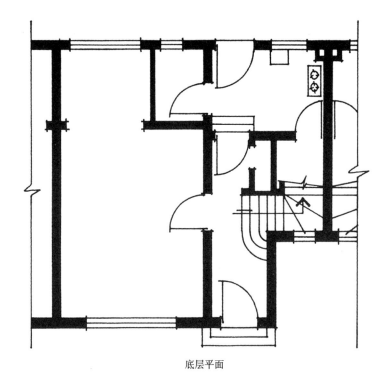

底层平面

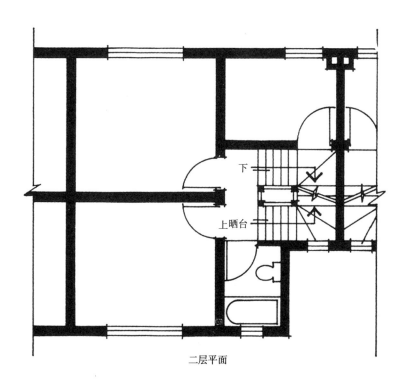

下

上晒台

二层平面

0　　1　　2　　3　　4　　5 米

（四）花园里弄民居

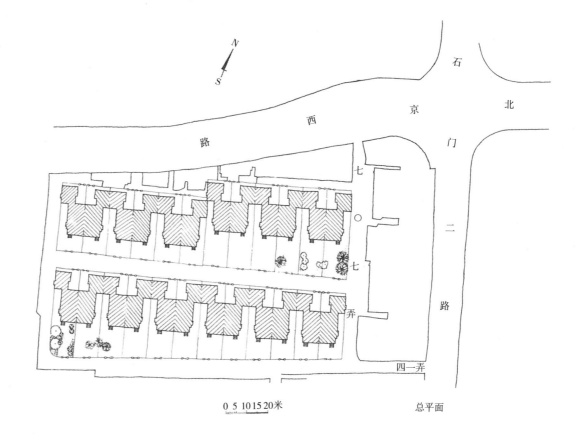

0 5 10 15 20米

总平面

正面外观

32. 北京西路 707 弄

北京西路 707 弄为花园里弄民居，建于 1907 年，原为银行产业，1959 年交由政府管理。该处占地 0.66 公顷，有同样民居 24 个单元，合计建筑面积为 12101 平方米。

该处为一间半砖木结构和合式假三层花园里弄民居，砖墙承重，美松楼地板、木门窗，正屋所有居室都有壁炉，每个单元大卫生设备二套，小卫生设备一套，屋前庭园栽有花木，围以矮墙。外观红砖墙面，两侧及后面四坡水屋面，正面砖圈相连，山尖并举，显得古雅秀丽，为当时富裕阶层所居住。现因年代悠久、居住拥挤，房屋已呈颓败现象。

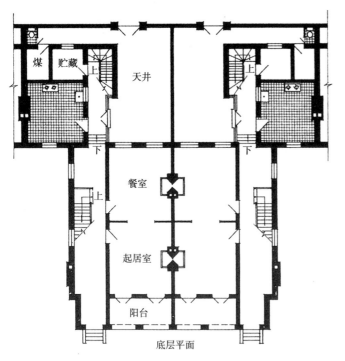

煤　貯藏　天井

餐室

起居室

阳台

底层平面

0 1 2 3 4 5 米

入口大门

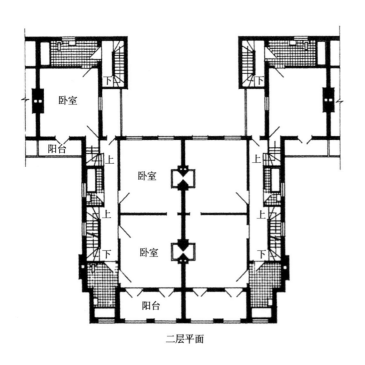

卧室

阳台

卧室

卧室

阳台

二层平面

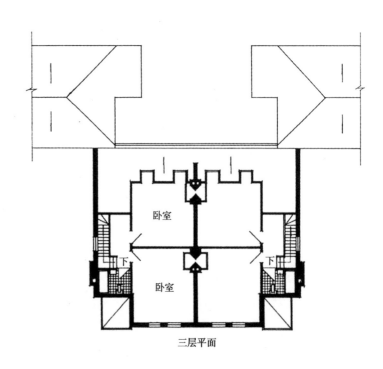

卧室

卧室

三层平面

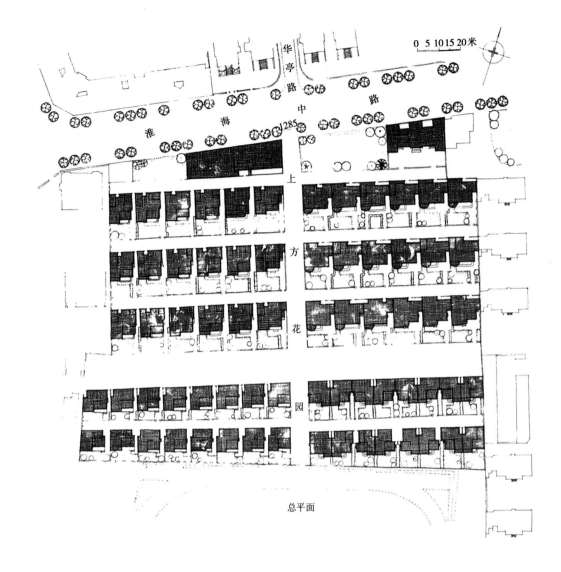

总平面

33. 上方花园——淮海中路 1285 弄

上方花园为淮海中路 1285 弄，共占地 2.66 公顷，1938 年由浙江兴业银行投资分期建造，分宅出售计有混合结构三层花园里弄民居 68 个单元，四层公寓里弄民居 1 个单元，四层新里弄民居 3 个单元（其中一个已被加为五层），三层新里弄民居 3 个单元，另有汽车间平房三间，合计建筑面积 25900 平方米。上述房屋中属于政府管理的公共房屋仅为花园里弄民居 29 个单元，三层新里弄民居 3 个单元及平房汽车间 3 间，其余房屋有的是私房，有的为单位产业，产权情况比较复杂。

该处花园里弄住宅 68 个单元，分为 5 排房屋，北部三排 36 个单元，南部二排为 32 个单元。北部三排的占地面积较大，平面布局有 5 种，组合方式大致相同，一般有

起居室、餐室、书房，7 ~ 8 个卧室，楼下厨房，小卫生设备一套，二楼大卫生设备一套，小卫生设备一套，三楼大卫生设备一套，少数也另装小卫生设备一套，每个单元都设有汽车间。南部二排基地面积小，有 4 种平面，房间组合与北面三排大体类似，唯底层不设书房，楼上卧室略小，卫生设备底层一只马桶，二楼三楼各一套大卫生设备，32 个单元中仅 2 个单元有汽车间。花园面积北部三排每个单元为 150 平方米左右，南部二排每个单元为 70 平方米左右。园中偏南横贯一长条形土地，原拟为南昌路的延伸路，后未筑通，1985 年改建成条状微型花园，并有多种建筑小品。

本园民居的建筑形式丰富多彩，室内宽敞明亮，装修精致，煤卫齐全，居住质量优良，是本市甲级住宅区之一。

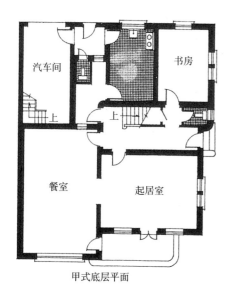

甲式底层平面

甲式二层平面

甲式三层平面

0 1 2 3 4 米

甲式正面外观

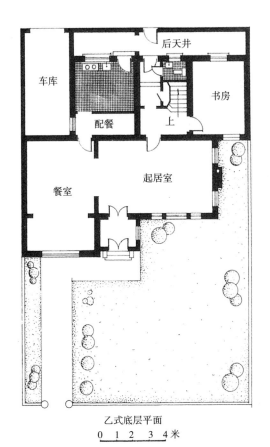

车库

配餐

后天井

书房

上

餐室

起居室

乙式底层平面

0　1　2　3　4米

卧室

下　上

卧室

卧室

卧室

乙式二层平面

卧室

下

卧室

卧室

卧室

乙式三层平面

乙式正面外观

34. 永康路175弄

总平面

0 5 10 15 20 米

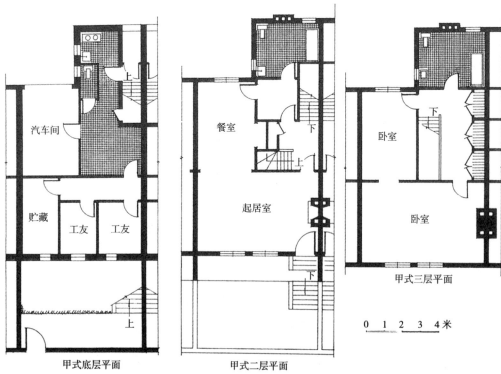

汽车间

贮藏　工友　工友

甲式底层平面

餐室

起居室

下

甲式二层平面

卧室

卧室

甲式三层平面

0 1 2 3 4 米

乙式正面外观　　　　　　　　丙式正面外观

　　永康路175弄地处永康路太原路口，占地1.64公顷，建有新式里弄民居33个单元，花园里弄民居22个单元，该处属新式里弄民居。另有汽车间28间，合计建筑面积为13610平方米。1930年由法商中国建业地产公司投资建造。1956年由政府接管。

　　该处55个单元中，沿永康路二排为新式里弄民居，前排19个单元为一间半三层楼房，底层为汽车间、炉子间、箱子间及工友室等，二楼三楼为正屋，钢窗木门，花园较大；后排14个单元为二开间二层楼房，木门木窗，花园略小；平面布局比前排紧凑；此外22个单元为花园里弄民

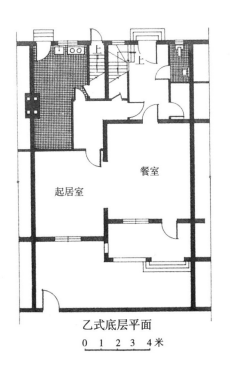

乙式底层平面

0　1　2　3　4米

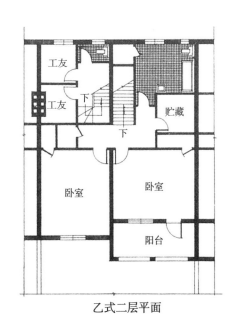

乙式二层平面

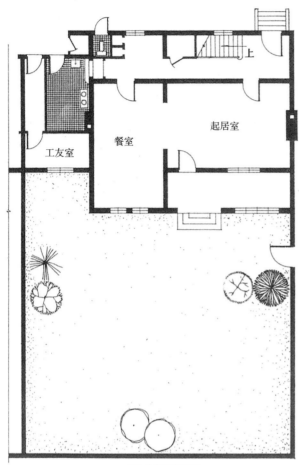

丙式底层平面

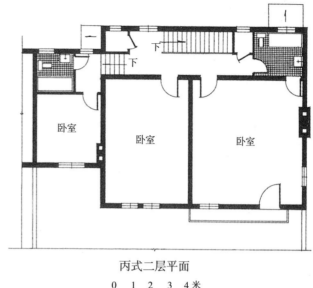

丙式二层平面

0　1　2　3　4米

居，都是二层和合式，坐落在新里民居的后部，平面合理，
质量精致，宅前都有面积较大的花园，个别还辟有网球场，
是较好的花园里弄民居。

甲式正面外观

乙式正面外观

35. 福履新村——建国西路 365 弄

福履新村坐落在建国西路、太原路转角，入口为建国西路 365 弄，占地 0.46 公顷，有混合结构二层楼民居 17 个单元，其中 14 个单元为花园里弄民居，3 个单元为沿街民居，底层有店铺。1934 年建造，1956 年除弄内 11 号私房由政府代管外，其余均由政府接管。

该处 14 个单元花园里弄民居有 12 种形式，都是低矮小巧的西班牙式住房，设备齐全，装修精致，弄内 1 号与太原路 236 号为同一形式，2 号与 5 号也是同一形式。三个相联的沿街单元是 12 种形式以外的又一种，他们的体量与弄内房屋相当，风貌也与弄内建筑一致，数量不多，从整体上看，还是能够和谐协调的。遗憾的是，沿太原路有三角形土地一块，嵌在基地的边缘中段，上有四层公寓一幢，建筑基调与弄内房屋相距很远，幸好贴沿路边建造，对弄内气氛影响不大。12 种形式的房间内容基本相近，但房屋面积和房间组合各不相同。房间内容：楼下为入口、起居室、餐室、厨房、楼梯间、汽车间，楼上为大小不同的三间卧室，个别的有四间；卫生设备：楼下一套小卫生设备，楼上一套大卫生设备；工友室、贮藏室等根据地位安排，有的在楼下，有的在楼上。房屋面积大小不一，最大的有 307 平方米，最小的仅 180 平方米，占地最广的为 296 平方米，最少的为 223 平方米。房间组合 12 种形式无一类同，反应在立面上也是变化多样，各有千秋。新村进出依靠总弄，总弄宽 6 米，由建国西路进入，稍有弯曲直达弄底，中间有叉弄一段，向东作 90° 转弯通往太原路，目前不设出入口，因而整弄为一尽端胡同，行人稀少，非常安静，弄内两侧民居都有花园，树木青翠．景色宜人，环境是非常好的。

总之，福履新村建筑幽美，地段良好，是较好的花园里弄民居。目前房屋多年失修，居民又乱搭乱建，已呈陈旧破败，极宜征求居民意见，协同建筑师修理整顿。

建　国　西　路

太

原

路

0　5　10　15　20 米

总平面

甲式二层平面

0 1 2 3 4 米

甲式底层平面

甲式背面外观

乙式底层平面

0 1 2 3 4 米

乙式二层平面

华新路

五九三弄 梅泉别墅

总平面

0 5 10 15 20 米

甲式底层平面

0 1 2 3 4 米

甲式二层平面

甲式背面外观

36．梅泉别墅——新华路593弄

梅泉别墅——新华路593弄，占地1.25公顷，弄口大门门柱上有"梅泉别墅"字样，寻找方便。1933年由私人投资，奚福泉建筑师设计，建有混合结构二层楼房20幢，楼房后侧有小游泳池，废置多年现已不用。1956年改由政府管理。

梅泉别墅20幢楼房，都是花园里弄民居，共同使用一个进出口。每幢有各自的花园与汽车间，里弄道路穿行其间，路宽5.5米，总的建筑面积为6000平方米，每幢平均为300平方米。花园面积为7800平方米，每幢平均为390平方米。在同类民居中花园是比较大的，也由于花园较大，前一段年月中它被随意栽种乔木，目前巨大成荫，几乎遮蔽整个庭园，妨碍花草生长，也影响底层居室日照。今后规划绿化时必须要加以调整。20幢房屋有8种形式，最多的同式6幢，次为同式5幢，同式3幢，同式2幢，还有4种，每式都是1幢。房屋的外观为坡屋顶，水泥粉刷墙面，钢窗、木门，棕色油漆，平台、阳台都是铁管栏杆，红缸砖铺地。室内平面底层为起居室、书房、餐室。

乙式正面外观

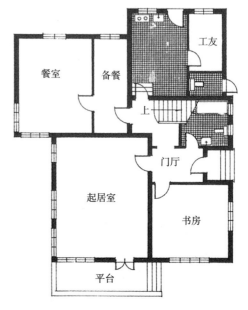

乙式底层平面

厨房、备餐、汽车间以及佣人的生活用房等，也有一部分
房屋，汽车间不设在正屋底层，而是在附近单独建造；楼
上为三~四个卧室，二个卫生间以及贮藏室、壁橱等设施。
梅泉别墅装修精致，设备优良，只是周围工厂较多，环境
不太理想。应属于较好的花园里弄民居。

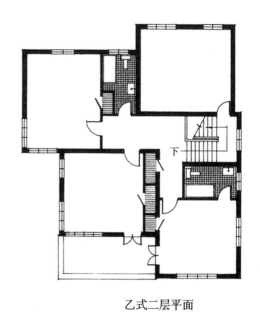

0 1 2 3 4 米

乙式二层平面

正面外观

37. 溧阳路 1156 弄

　　溧阳路 1156 弄坐落在溧阳路南侧，东近四平支路口，西傍长春路，占地约 3.94 公顷。有三层楼花园里弄民居四排、70 个单元，建筑面积约 25326 平方米。建于 1914 年。

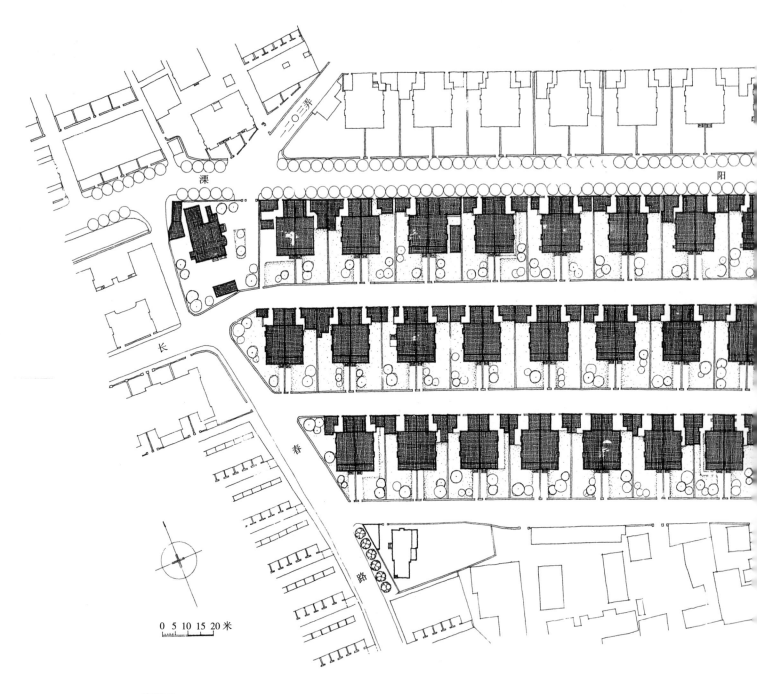

总平面

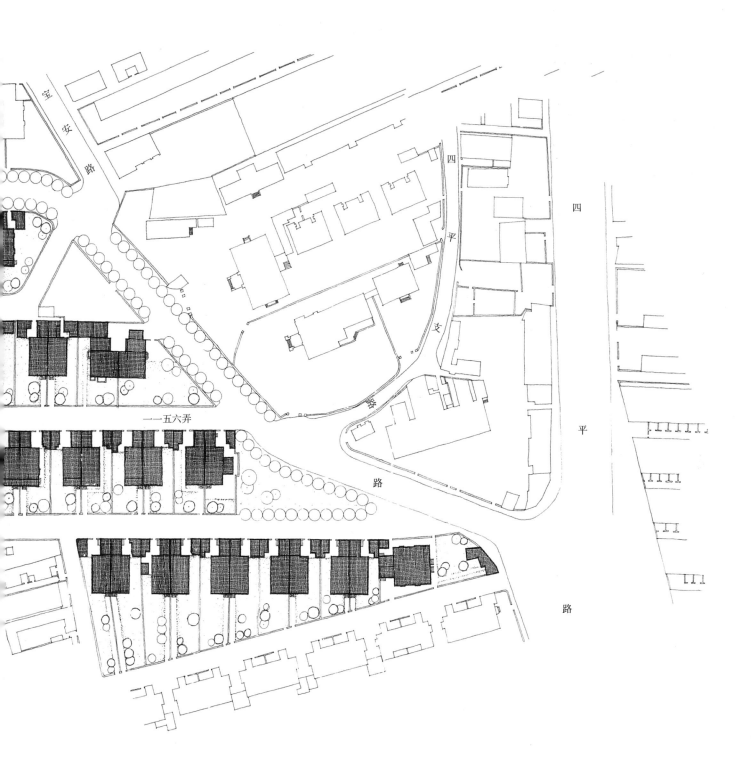

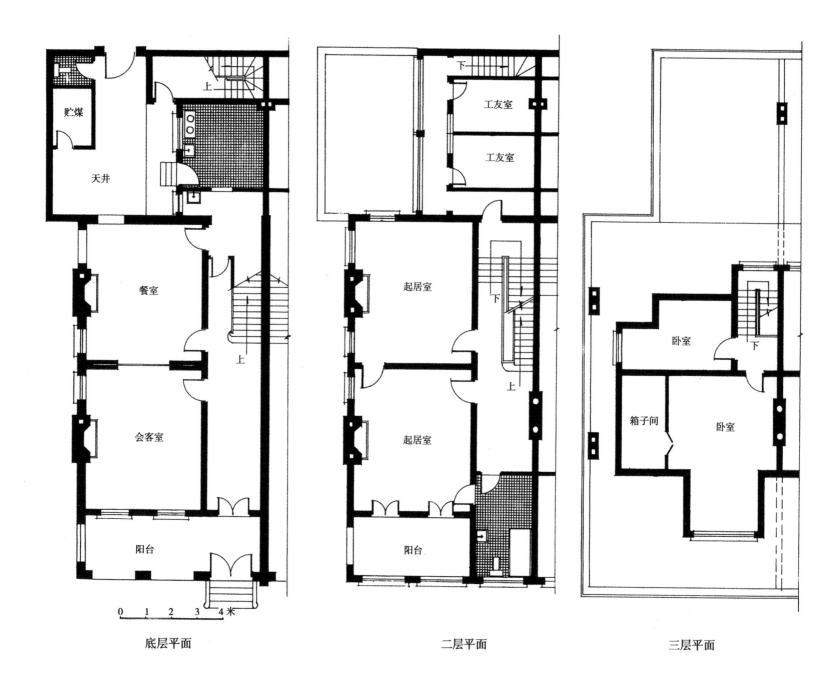

贮煤

天井

餐室

会客室

阳台

0 1 2 3 4 米

底层平面

工友室

工友室

起居室

下

起居室

上

阳台

二层平面

卧室

下

箱子间

卧室

三层平面

（五）公寓里弄民居

乙式外观

38. 新康花园——淮海中路 1273 弄

新康花园坐落在淮海中路与复兴中路之间，地形狭长。北口为淮海中路 1273 弄，南口为复兴中路 1360 弄，全部用地 1.30 公顷，有房屋建筑 9318 平方米，原为英商新康洋行所有，1933 年改建为公寓现状，后售于国人，1949 年以后由政府接管。

该处分南北二部，北部有二层公寓 11 幢，每层一套四室户，合计 22 套，前有庭园，侧有汽车间，每套均有专用出入口，南部为四角对峙 4 幢五层公寓。一、二、三层每层 2 套二室户，合计 24 套，四、五层为 2 套跃层四室户，合计 8 套，4 幢中间为公用庭园，汽车间布置在坊内中段。南北总计二室户 24 套，四室户 30 套，该公寓室内装修较精致，设备齐全，户外环境优美，进出方便，属于公寓里弄民居中的上等。

甲式外观

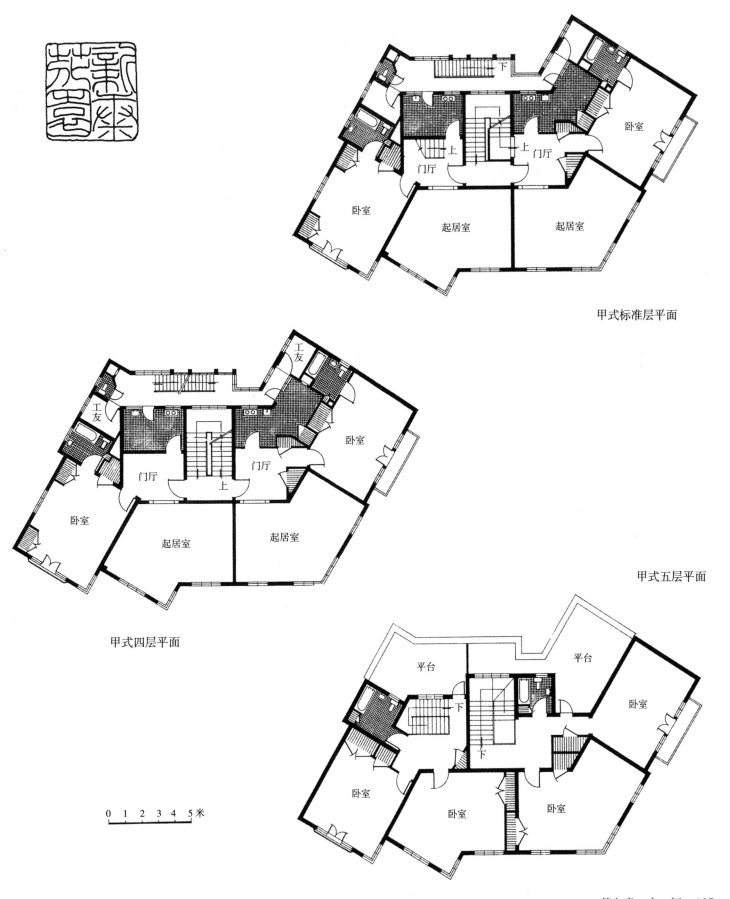

甲式标准层平面

甲式五层平面

甲式四层平面

0 1 2 3 4 5米

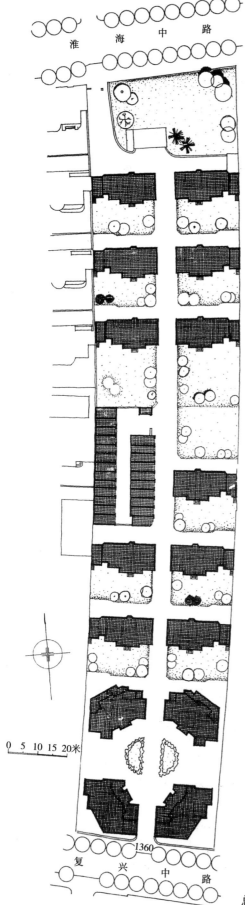

总平面

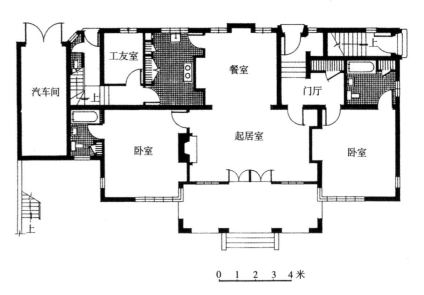

乙式底层平面

0 1 2 3 4米

乙式二层平面

乙式起居室内景之一

乙式起居室内景之二

39. 茂海新村——东长治路 1047 弄

茂海新村位于东长治路 1047 弄，占地 0.412 公顷，有民居 15 个单元，沿东长治路 6 个单元为二层新式里弄民居，其余 9 个为公寓里弄民居，实计全部建筑面积为 3676 平方米，1941 年由郭耕余等人集资建造，取名茂海新村，1956 年由政府接管，仍用原名。

该处主要建筑为公寓里弄民居，有 3 种形式都是二层，一梯二户。中间三个单元，每个单元三室户 4 套共 12 套。东西两侧各 3 个单元，共三室户 16 套，二室户 8 套。全部合计三室户 28 套，二室户 8 套。为了争取好的朝向，两侧单元的进口部位，设计不同。茂海新村用料节约、外观朴素，除多一间简陋的佣人卧室以外，平面安排非常接近目前的新建住宅。

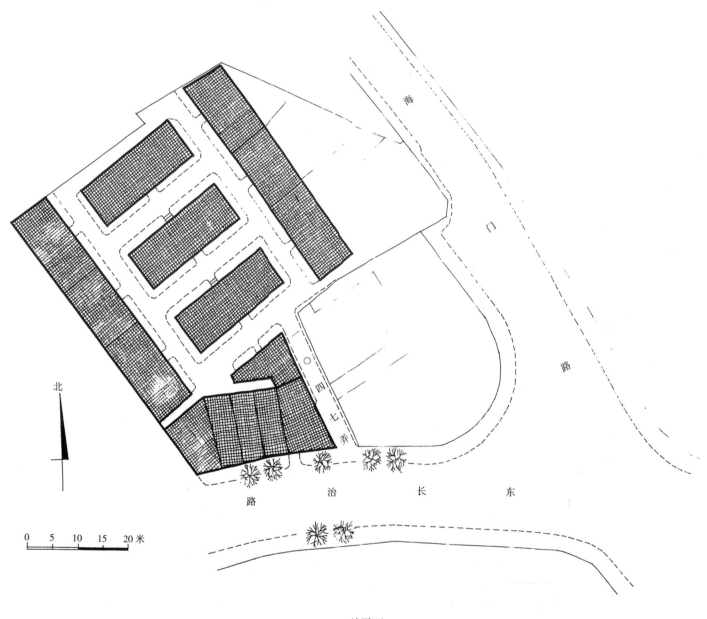

总平面

乙式侧面外景

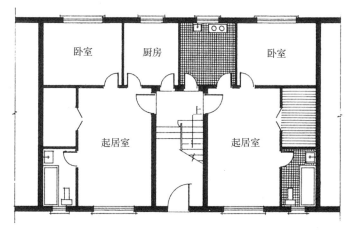

甲式底层平面

0 1 2 3 4米

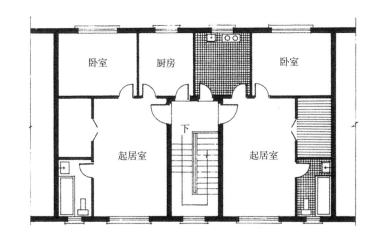

甲式二层平面

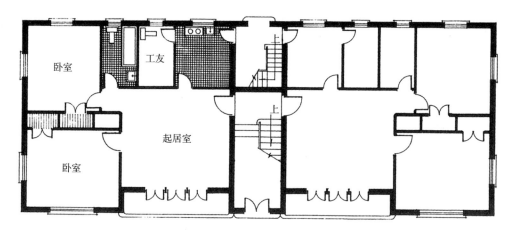

乙式底层平面

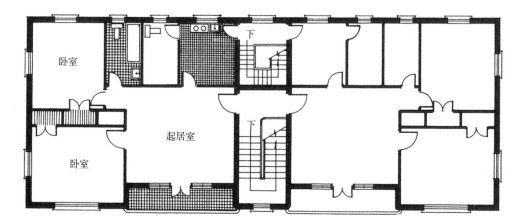

乙式二层平面

甲式正面外观

40. 陕南村——陕西南路185弄

陕南村为四层公寓里弄民居，建于1940年，由教会普爱堂投资，取名阿尔培公寓，又名皇家公寓。1949年以后改用今名。该处用地1.62公顷，呈不规则形，建有公寓民居16个单元，结合地形布置，紧凑自由，每个单元三室户8套合计128套，另设车间86间，全部建筑面积22680平方米。

公寓为混合结构点状建筑，装修精致、设备齐全，房屋间距为1:0.5～1:0.8不等，按常规是窄的，但由于利用点状空隙得当，实际通风采光并不比1:1间距有所逊色。基地宽度在5米左右，隙地上缀以花卉绿化，形成一个优美的居住环境。里弄外面公共车辆方便，生活设施齐全，属于中等偏上的公寓里弄民居之一。

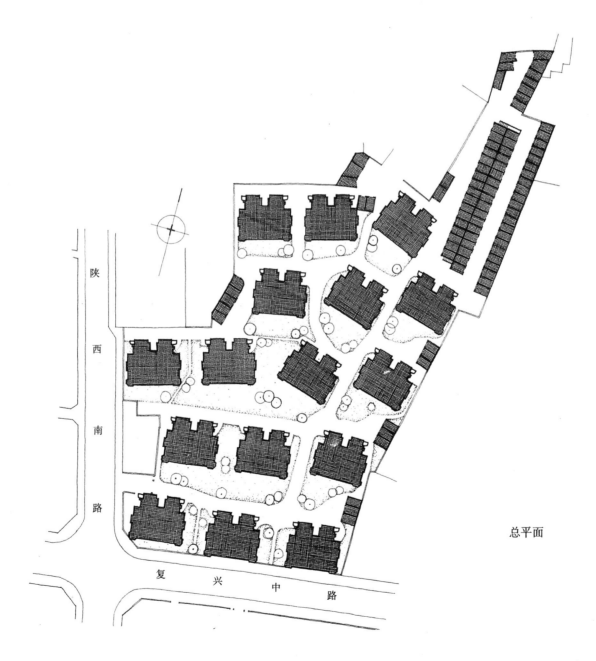

总平面

陕西路复兴中路外观

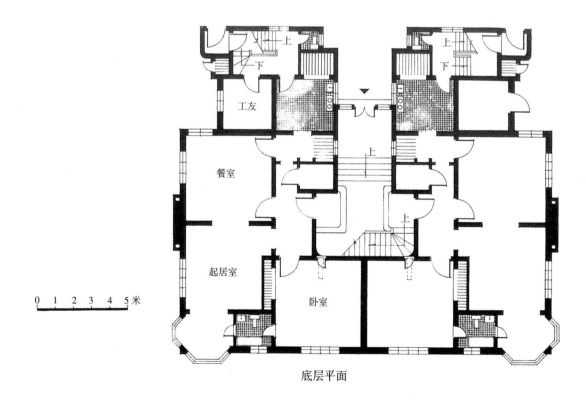

0 1 2 3 4 5 米

底层平面

工友

餐室

起居室

卧室

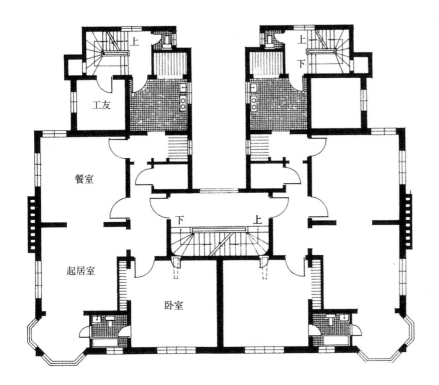

标准层平面

分户入口

外观

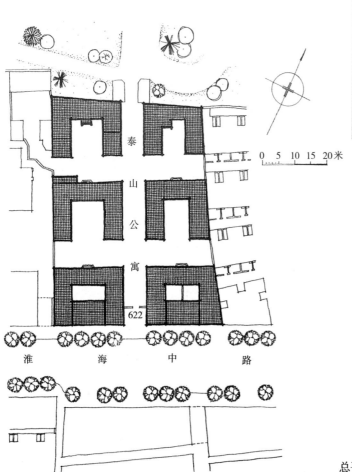

总平面

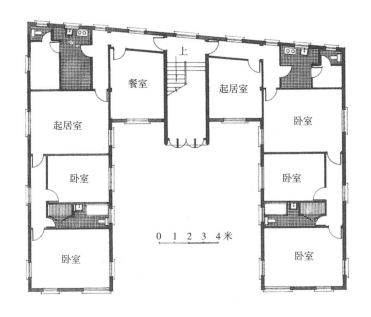

底层平面

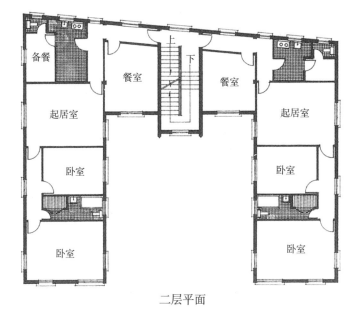

二层平面

41. 泰山公寓——淮海中路 622 弄

泰山公寓位于淮海中路 622 弄，占地 0.35 公顷，1930 年建，有四层公寓民居 6 幢，分列于 622 弄二侧，2 幢沿街，4 幢在后，实计建筑面积为 6541 平方米。沿淮海中路二幢，底层前部为店铺，后部及楼上二、三、四层都是公寓。其他四幢全部为公寓，合计公寓 48 套，其中 40 套为 4 室户，8 套为 3 室户。泰山公寓为钢筋混凝土框架建筑，空心砖填充墙、钢窗、胶合板门、硬木装修、美松楼板，屋顶为钢筋混凝土平屋顶。属于一般公寓里弄民居，1954 年由政府接管。

泰山公寓面临淮海中路，屋后为单位房屋，两侧都是民居，622 弄又是一条人车交通非常频繁的通路，环境不太安静。房屋结构虽好，装修一般；朝向较差，南间墙面与东、西间墙面的长度几乎相等，就房屋本身来说条件不是很好，属于一般公寓里弄民居，但它的地段优越，进出、购物、娱乐都很方便。因此，大部分人还是非常喜欢住在这里。

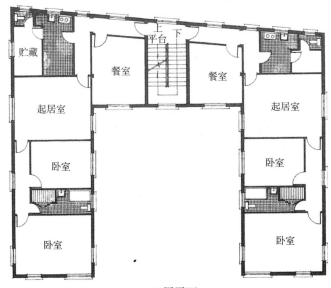

三层平面

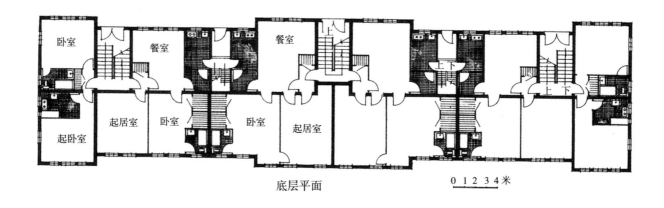

底层平面

0 1 2 3 4 米

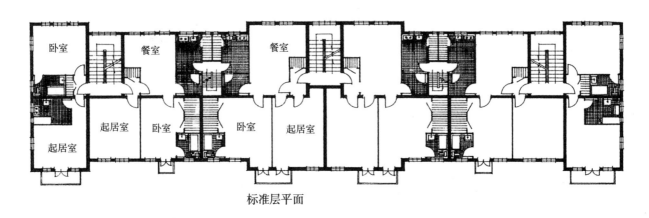

标准层平面

42. 花园公寓——南京西路 1173 弄

　　花园公寓坐落在南京西路1173弄，占地0.90公顷，1931年建，有四排公寓，二排汽车间，属公寓里弄民居，全部建筑面积为10461平方米。

　　第一排公寓沿南京西路设置，为四层房屋，底层为店铺，二、三、四层为公寓，有2室户6套，3室户12套，分三个出入口由南京西路直接进出。第二、三、四排都是三层楼公寓，从南京西路1173弄出入。第二排有4室户12套，分两个出入口进出里弄。第三排有2室户6套，3室户12套，分三个出入口进出里弄。第四排有3室户6套，5室户6套，分两个出入口进出。公寓部分合计有60套，其中2室户12套，3室户30套，4室户12套，5室户6套。公寓底下的地下室：第一排没有地下室。"十年动乱"时期挖有防空地下室及通道，现改为营业的咖啡馆，通道直通第二排原有地下室；第二排，第三排本来都有地下室，作为炉子间等使用，目前第二排地下室改为第一排咖啡馆的厨房，第三排地下室改为街道集体企业的货栈。

　　汽车间为二层楼坡屋顶楼房，钢筋混凝土楼板，合计有36个车位。第一排有车库16间，每间进深5米，第二排有车库20间，每间进深5.5米，楼上都是驾驶员宿舍，车辆从1173弄进出。1949年以后改为居民住宅，不再存放车辆。

　　花园公寓为平屋顶混合结构三、四层楼房，墙身厚实，结构坚牢，室内硬木地板，柳木装修，卫生设备和厨房器具都属上乘，户室安排变化较多，能适应不同家庭人口的需要，原来的施工质量也很好。室外间距开阔，绿化用地宽畅。坐落地点适中，交通购物方便，是很好的居住处所。可是一段时间来，许多非居住用户迁入，影响了居住环境。加以道路失修，绿化失管，目前只能算是中档的公寓里弄民居。

背面外观

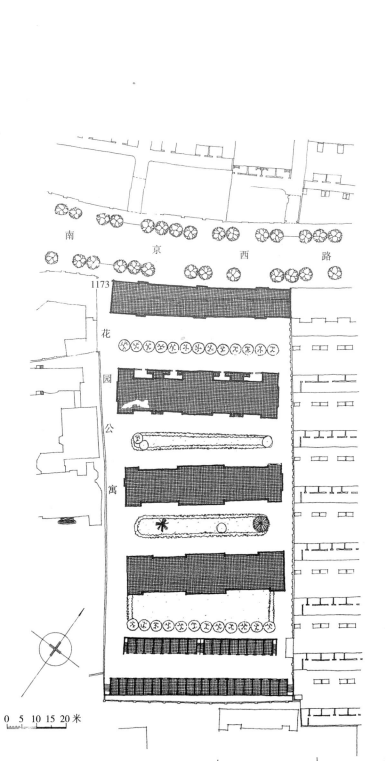

南 京 西 路

1173

花 园 公 寓

0 5 10 15 20 米

总平面

编后语

中国民居建筑历史传统悠久，在漫长的发展过程中，受地域、气候、环境、经济的发展和生活的变化等因素的影响，形成了各具风格的村镇布局和民居类型，并积累了丰富的修建经验和设计手法。

中华人民共和国成立后，我国建筑专家将历史建筑研究的着眼点从"官式"建筑转向民居的调查研究，开始在各地开启民居调查工作，并对民居的优秀、典型的实例和处理手法做了细致的观察和记录。在 20 世纪 80 年代～90 年代，我社将中国民居专家聚拢在一起，由我社杨谷生副总编负责策划组织工作，各地民居专家对比较具有代表性的十个地区民居进行详尽的考察、记录和整理，经过前期资料的积累和后期的增加、补充，出版了我国第一套民居系列图书。其内容详实、测绘精细，从村镇布局、建筑与地形的结合、平面与空间的处理、体型面貌、建筑构架、装饰及细部、民居实例等不同的层面进行详尽整理，从民居营建技术的角度系统而专业地呈现了中国民居的显著特点，成为我国首批出版的传统民居调研成果。丛书从组织策划到封面设计、书籍装帧、插画设计、封面题字等均为出版和建筑领域的专家，是大家智慧之集成。该套书一经出版便得到了建筑领域的高度认可，并在当时获得了全国优秀科技图书一等奖。

此套民居图书的首次出版，可以说影响了一代人，其作者均来自各地建筑设计研究机构，他们不但是民居建筑研究专家，也是画家、艺术家。他们具备厚重的建筑专业知识和扎实的绘图功底，是新中国第一代民居专家，并在此后培养了无数新生力量，为中国民居的研究领域做出了重大的贡献。当时的作者较多已经成为当今民居领域的研究专家，如傅熹年、陆元鼎、孙大章、陆琦等都参与了该套书的调研和编写工作。

我国改革开放以来，我国的城市化建设发生了重大的飞跃，尤其是进入 21 世纪，城市化的快速发展波及祖国各地。为了追随快速发展的现代化建设，同时也随着广大人民生活水平的提高，群众迫切地需要改善居住条件，较多的传统民居建筑已经在现代化的普及中逐渐消亡。取而代之的是四处林立的冰冷的混凝土建筑。祖国千百年来的民居营建技艺也随着建筑的消亡而逐渐失传。较多的专家都感悟到：由于保护的不善、人们的不重视和过度的追求现代化等原因，很多的传统民居实体已不存在，或者只留下了残破的墙体或者地基，同时对于传统民居类型的确定和梳理也产生了较大的困难。

适逢国家对中国历史遗存建筑的保护和重视，结合近几年国家下发的各种规划性政策文件，尤其是在"十九大"报告和国家颁布的各种政策中，均强调要实施乡村振兴战略，实施中华优秀传统文化发展工程。由此，我们清楚地认识到，中国传统建筑文化在当今的建筑可持续发展中具有十分重要的作用，它的传承和发展是一项长期且可持续的工程。作为出版传媒单位，我们有必要将中国优秀的建筑文化传承下去。尤其在当下，乡村复兴逐渐成为乡村振兴战略的一部分，如何避免千篇一律的城市化发展，如何建设符合当地生态系统，尊重自然、人文、社会环境的民居建筑，不但是建筑师需要考虑的问题，也是我们建筑文化传播者需要去挖掘、传播的首要事情。

因此，我社计划将这套已属绝版的图书进行重新整理出版，使整套民居建筑专家的第一手民居测绘资料，以一种新的面貌呈现在读者面前。某些省份由于在发展的过程中区位发生了变化，故再版图书中将其中的地区图做了部分调整和精减。本套书的重新整理出版，再现了第一代民居研究专家的精细测绘和分析图纸。面对早期民居资料遗存较少的问题，为中国民居研究领域贡献了更多的参考。重新开启封存已久的首批民居研究资料，相信其定会再度掀起专业建筑测绘热潮。

传播传统建筑文化，传承传统建筑建造技艺，将无形化为有形，传统将会持续而久远地流传。

中国建筑工业出版社

2017 年 12 月

图书在版编目（CIP）数据

上海里弄民居/沈华主编；上海市房产管理局编著. — 北京：中国建筑工业出版社，2017.10

（中国传统民居系列图册）

ISBN 978-7-112-21029-9

Ⅰ.①上…　Ⅱ.①沈…②上…　Ⅲ.①里弄—民居—建筑艺术—上海—图集　Ⅳ.①TU241.5-64

中国版本图书馆CIP数据核字（2017）第173771号

上海里弄民居，是具有上海地方特色的住宅建筑类型，伴随着城市的繁荣而出现和发展。本书分析了它产生的自然和社会背景条件，介绍了它的分布与规模、总平面布局，总结了它的分类和特点，论述了结构、用材、细部装修与施工方法。最后介绍了有代表性的里弄民居四十二处。本书适用于民居、建筑研究领域的专家、学者，各大高校的相关专业师生，各大建筑设计公司及个人工作室，各省新农村建设政府等机构使用阅读。

责任编辑：唐　旭　张　华　孙　硕　李东禧
封面设计：冯彝诤
书名题字：冯彝诤
封　面　画：王其钧
版式设计：彭路路
责任校对：李美娜　姜小莲

中国传统民居系列图册
上海里弄民居
上海市房产管理局　编著
沈　华　主编
*
中国建筑工业出版社出版、发行（北京海淀三里河路9号）
各地新华书店、建筑书店经销
北京京点图文设计有限公司制版
北京中科印刷有限公司印刷
*
开本：787×1092毫米　1/12　印张：16　插页：1　字数：287千字
2018年1月第一版　2018年1月第一次印刷
定价：60.00元
ISBN 978-7-112-21029-9
　　（30597）